しんかい 6500（本文17頁　© 藤岡換太郎）

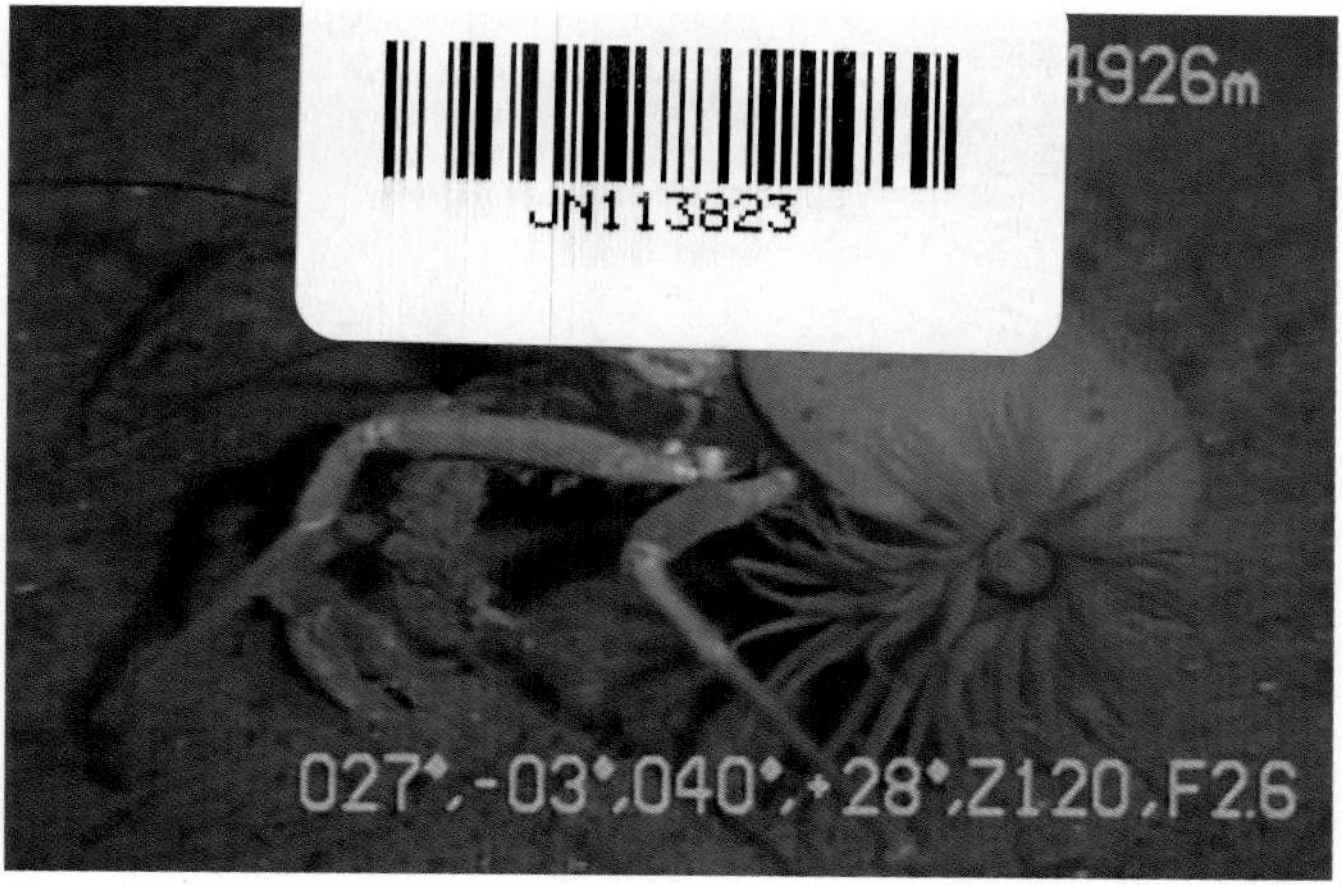

深海ではしばしば奇妙な生物が出迎えてくれる（本文24頁　藤岡撮影
©JAMSTEC）

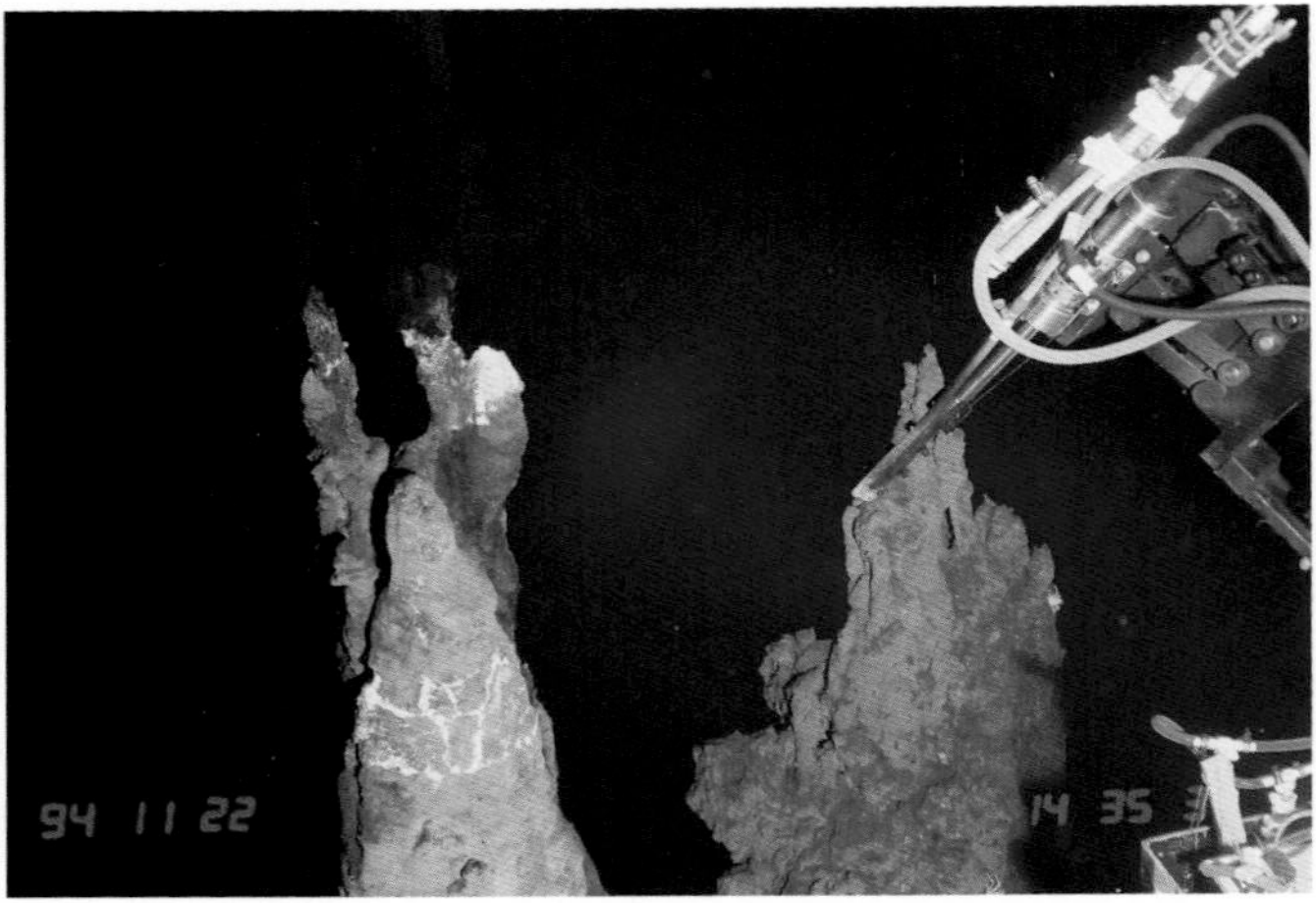

深海底の熱水噴出孔「チムニー」(本文73頁　藤岡撮影　©JAMSTEC)

日本海溝宮古沖のナギナタシロウリガイの生物群集（本文100頁　藤岡撮影　©JAMSTEC)

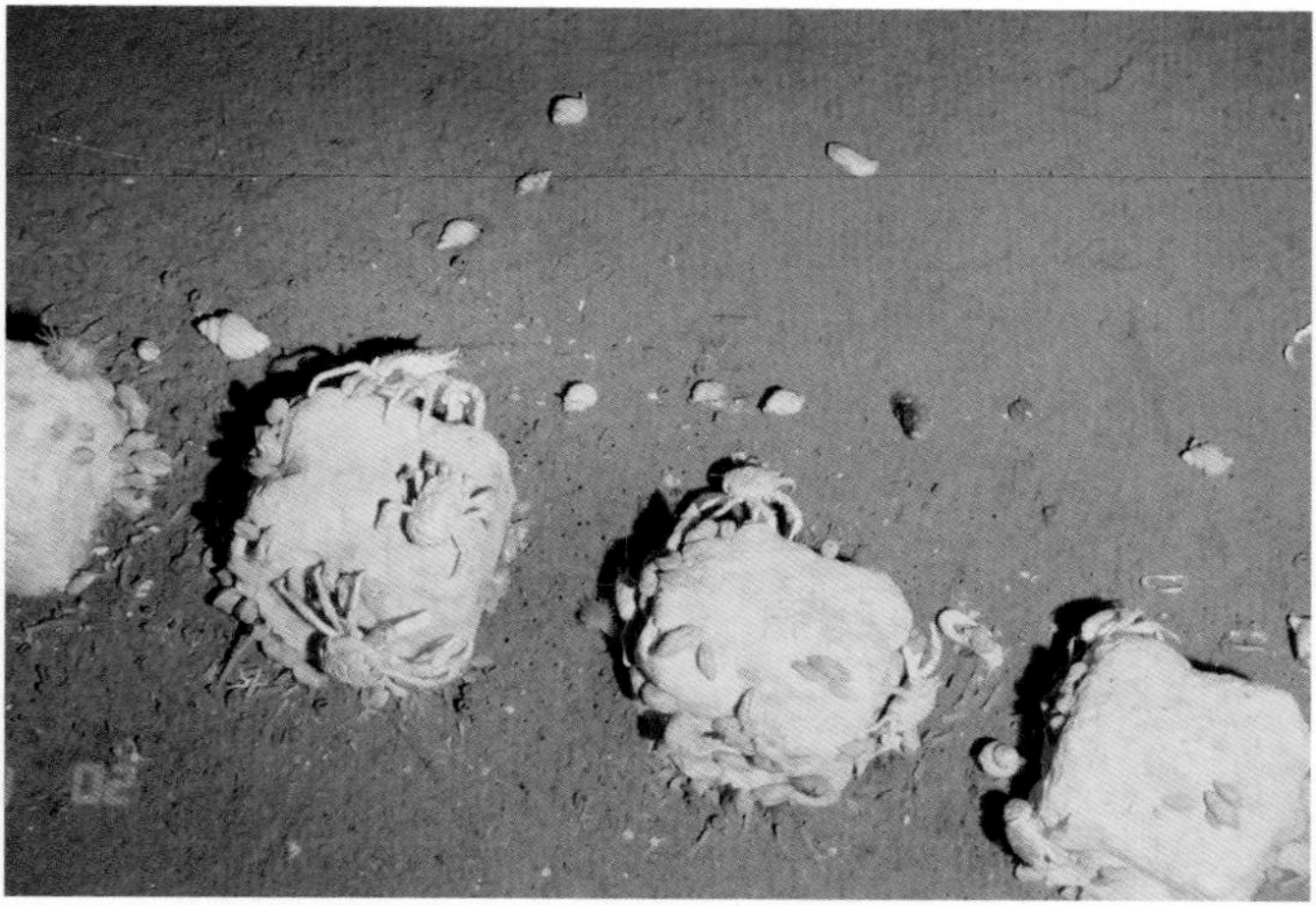

鳥島海山の鯨骨生物群集　背骨（本文123頁　和田秀樹撮影　©JAMSTEC）

マリアナ海溝の蛇紋岩のフロー（本文147頁　藤岡撮影　©JAMSTEC）

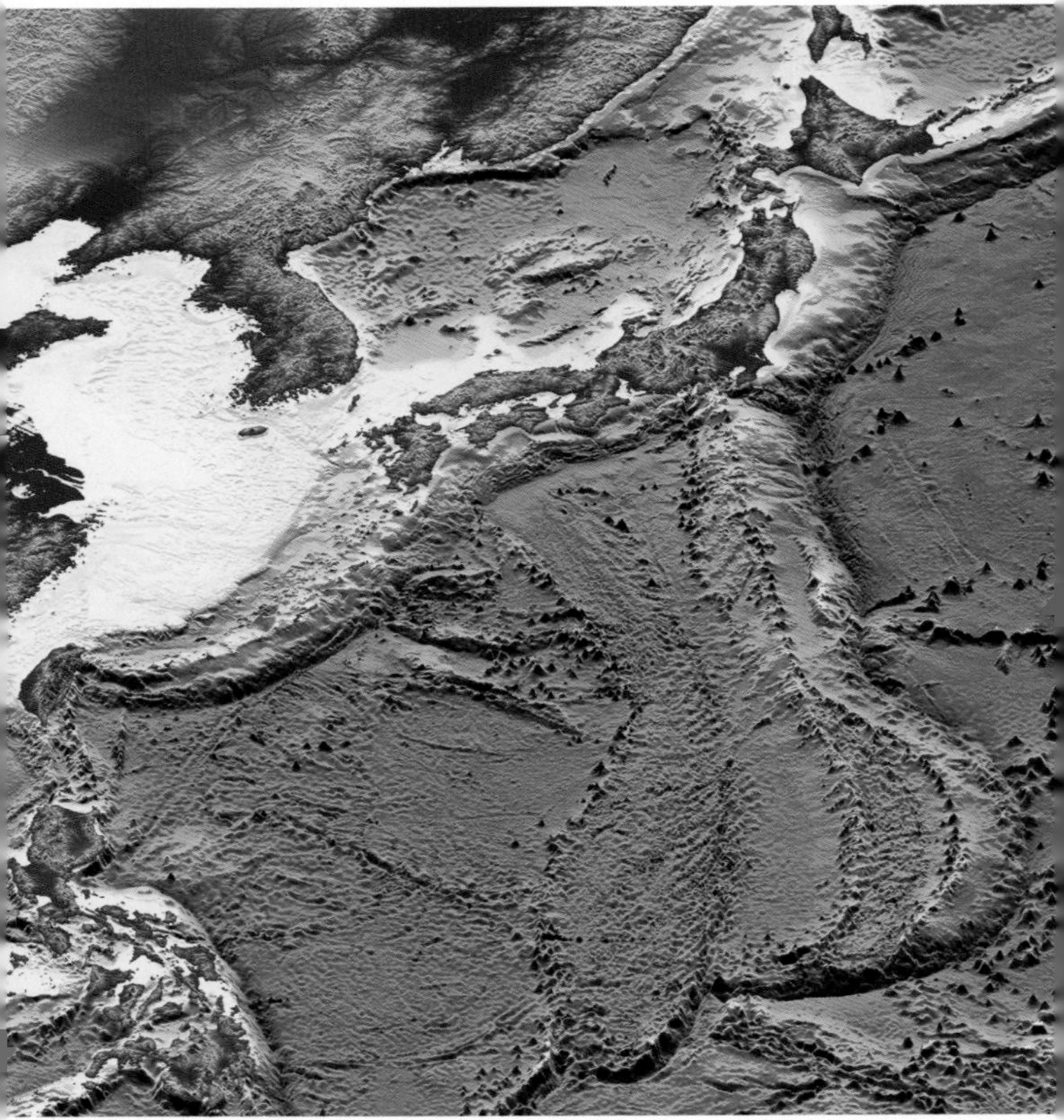

日本周辺の地形（© 海上保安庁）

ちくま文庫

深海の楽園
日本列島を海からさぐる

藤岡換太郎

筑摩書房

深海の楽園　日本列島を海からさぐる　目次

ていった／日本海形成のシナリオ／地殻熱流量とオパールCT／掘削孔を使った大規模な実験／沖縄トラフで見つかった熱水鉱床／マリアナトラフ──多数の熱水系を持つ背弧海盆／北フィジー海盆──海の真中の背弧海盆／二つの異なった熱水系を持つマヌス海盆／熱水活動の化石、黒鉱鉱床／キースラガー鉱床の現代版はどこか／コーヒーブレイク──奥尻訪問

第五章　日本列島周辺のプレートの境界　239

再び潜水調査船科学／陸上の地形の特徴／海岸線と湾の特徴／海底の地形──海溝と背弧海盆／北海道周辺の海底地形／東北日本周辺の海底地形／中部日本周辺の海底地形／西南日本周辺の海底地形／南西諸島周辺の海底地形／日本列島の陸上地質の概観／付加体により形成された日本列島／海底地質調査の特殊性／日本列島周辺の火山の特徴をプレートの動きから見ると／日本の地震学史とプレートテクトニクス／日本列島周辺の地震の特徴／日本列島周辺のプレートは何枚か／沈み込み帯の深部はどうなっているのか／冷水湧出帯生物群集の生息の条件／年代の違うプレートの沈み込み／世界の島弧─海溝系／島弧─海溝系の区分／堆積物付加の有無と蛇紋岩／海溝の底から日本列島を見上げると／コーヒーブレイク──地球科学に関す

深海の楽園　日本列島を海からさぐる

文庫版はじめに

この文庫の前の本『深海底の科学――日本列島を潜ってみれば』（NHKブックス）が上梓されたのは一九九七年の一一月であった。その後二〇〇一年に二刷りが出たが、それ以降は絶版になっていた。この本は私の単著の本としては初めてのものであった。

当時はまだ深海に関する情報が少なく、この本は非常に目新しいものであった。深海底の研究が始められた一九七〇年代から二十世紀の終わりころまでの研究をまとめたもので、深海に関する情報の伝達には大いに役にたったと思っている。その後、深海底の研究は二五年以上にわたって続けられ、いくつか新しい知見も得られてきた。新しい知見に関しては『深海底の地球科学』（朝倉書店）に書いたのでここではくり返さない。そのような折に筑摩書房からこの本を文庫化してはどうかというお誘いがあって、再び世に出ることになった。

筆者はこの二五年間の深海底の研究から取り残されているのではないかと心配になってもう一度これを読み直してみた。しかし、その後の目覚ましい発展にもかかわらず、新しく見つけられたものは日本列島周辺では二つしかないことがわかった。文庫化に際してそれらの新発見について、その概略を書き下ろし追補という形で組み込んだ。前本にあった「しんかい六五〇〇」の性能などについてはもはや古いので割愛した。また当時は二十一世紀を目の前にしていたので二十一世紀の展望を書いていたが、もはや二十一世紀になってしまっているのでこれも割愛することにした。

新しい知見は二人の若手研究者から提供された。一つは、日本海溝の海側斜面から見つかった「プチスポット」と呼ばれる火山活動によってもたらされた海丘であった。もう一つはフィリピン海から発見された巨大なメガムリオンであるゴジラメガムリオンであった。文庫化に際してこれら二つの知見について追補の形で書き下ろした。本書中に出てくる人の所属は当時のままにした。また、参考文献や図書に関しては二人の論文と朝倉書店と講談社のもののみをあげた。

この本によって二十世紀の終りまでの深海底の研究の流れをつかんでいただき、深海底がとても興味深い場所であることを実感していただけたら著者にとっては大きな喜びである。

はじめに

私たちの住む地球の探検は十五世紀の大航海時代から始まった。以来、地球はほとんどくまなく調べつくされ、もはや新しい発見が続けて出てくる可能性はきわめて低い。宇宙がもはやフロンティアではなくなった今、私たちに残された唯一のフロンティアと言えば、それは深海底だろう。深海底に潜水調査船で潜ることは、それじたいが一つの探検である。そしてそこには地上や宇宙では知られていなかった新しい発見がある。

私が専門としている地質学（あるいはもっと広く地球科学）は、もともとは珍しい鉱物や化石の収集・研究に始まった。そしてそれらの鉱物や化石を含む地層がどのような歴史を経てどのような環境、物理・化学条件で形成されてきたのかに注意が払われるようになってきた。私たち地質学者が研究を行なうのは、いわば探偵が殺人事件の全貌を明らかにするのとよく似ている。私はいわゆる「推理小説」とかミステリー映画というものが好きで、アルセーヌ・ルパン、シャーロック・ホームズ、金田一耕助などの登場する本を読みあさったり、刑事コロンボ、古畑任三郎などの映画を好んで鑑賞した。彼らがどのようにして事件を解決するのかという過程が面白いからである。名探偵はいつ、どこで、誰が、何を、なぜ、どのように、のいわゆる4W、1Hについて、証拠捜しや聞き込みなどによってありとあらゆる材料を手に入れる。そしてそれらの材料を用いて事件の動機や殺害の方法などを時間の順序にしたがって矛盾なく説明する。それで一件落着である。その際、犯人の割り出しには消去法を用いる。アリバイのある人間を除いてゆくのである。探偵の用いるこのような手法は実は地質学の手法そのものである。

たとえば白亜紀の終わりに恐竜が絶滅するという大事件が起こった。この事件は地球上にとても大きなインパクトを与えた。この問題は、物理や数学のように実験式や理論では説明できない。あくまでできるだけたくさんの状況証拠を集めなければならない。しかも自分の足で。そして多くの材料が集まると、可能性のあるすべての仮説を立ててみる。そして集まった材料から辻褄《つじつま》のあわない仮説をどんどん捨ててゆくのである。最後に一つ残ればそれが答えになる。しかし何億年も昔に起こった事柄に対してユニークな解答を求めることじたいが無理で、三つくらいの可能性に絞ることができれば上出来である。

「なるほど。ではそんな探偵みたいな地質学者がなぜ深海を調べるの？」、「深海底を研究して何がわかるの？」、「そもそも深海底を研究して何が人類のためになるの？」と矢継ぎ早に質問が飛んでくるだろう。

六〇〇〇時間海中にあったシルヴィア・アールは記者の「海という海が、あす干上がってしまうとします。何か困ることがあるでしょうか？　わたしは泳ぎません。ボートも嫌いです。船酔いだってするんですよ。魚をたべるのも好きじゃありません。どこかの海が消えたって、いいえ海が全部なくなってしまっても、とやかく言うほどのことはないんじゃありませんか？　いったい誰にとって海が必要なんでしょうか？」という質問にあきれて、「海がなければ生き物は生きていけません」と答えた。

私は「なぜ深海を調べるのか」に対しては以下のように答えるだろう。「深海底には陸上では決して研究できないテーマがあるからだ。昔、海に生息していた生物が化石になっている例はたくさんある。その生物の生態は現在の海洋に棲む子孫や近接種からしか類推できない。また、海底には陸上にはない巨大な資源が眠っている。それがどのように分布し、どのようにして形成されるのかを明らかにすることは海でしかできない。さらに、巨大地震の震源はほとんどが深海底にあり、震源近くで起こっている変動現象は海の中でのみ研究可能である。だから海を研究するのだ」と。そして「このような疑問に答えることができれば災害科学や地球の環境問題の多くが解決でき、人類に多大な貢献をするではないか」と。深海底は高圧の暗闇の世界。しかも温度の低い世界だ。このことは多くの人たちが指摘している。では「深海をどうやって調べるのか?」、「そんな過酷な深海にはどのような感動があるのか?」それに対する答えは、本書を一読していただければおのずからわかるであろう。

深海底を調査するには直接的な方法と間接的な方法とがある。まず直接的な方法であるが、これは人間が海底に行く方法で、海底の探検と研究の歴史そのものだ。まず人が素潜りで潜れる深さまでの研究がスタートする。海に沈んだおびただしい財宝を手に入れるために、人類はアクアラングを発明する。人類の好奇心は世界で最も深い海底に到達すべくバチスカーフを作る。バチスカーフはガソリンと錘《おもり》のバランスで、ただ海底にまっすぐ降りてまっすぐ上がってくることしかできない。そこで海底を自由に動くことができる有人の潜水調査船が登場する。

間接的な方法は波間に漂う船(サーフェース・シップという)からワイヤーやロープなどを使って観測機器を海底に降ろして、さまざまな作業を行なうことである。しかし、間接的な方法では今一つかゆいところに手が届かない。

深海の研究者にとって有人の潜水調査船「しんかい六五〇〇」は、竜宮の使いの亀になぞらえることができる。もし潜水調査船が永久に海底にとどまることができるなら、いつまでも海底にいるに違いない。私自身、「しんかい六五〇〇」が離底する時に、もっと海底にいたいと思ったことが何度もある。そんなに長いこと海底にいるとやはり「帰って見ればこはいかに？」になるのだろうか。

私の子供の頃には映画の団体鑑賞というのがあった。テレビがまだ普及しない頃の楽しみは映画くらいだった。子供に教育的な映画を見せようとする学校側の配慮である。私はその中で今でも二人のフランス人の作品をはっきりと覚えている。ジャック＝イヴ・クストーの「沈黙の世界」（一九五六年）とジュール・ヴェルヌの「海底2万マイル」（一九五四年）だ。「沈黙の世界」はサンゴ礁の海をマリンスクーターで観察しながら潜水するもので、さまざまな生物の生態が音楽とともに映し出されてゆく。サンゴ礁の海の美しい世界だった。ヴェルヌ原作の「海底2万マイル」は原子力潜水艦「ノーチラス号」を作ったネモ船長がフランスの生物学の権威、アロナクス教授とその助手のコンセイユ君、モリ打ちのランド君を連れて世界の海に探検に出かける。フランスの映画に感動を覚えた少年が、いつの日か深海底に潜り研究するようになっていた。こういう映画が将来の私の基礎を作ることになろうとは、そして現在、私がネモ船長のように世界の海底に潜航するようになるとは夢にも思わなかった。

ネモ船長は言う。「アロナクスさん。あなたは陸上のありとあらゆる生物を御存知ですが、あなたは視野が狭い。海底を御存知ないからです。私がこれから海底のすばらしい世界をあなた方に御紹介しましょう」と。

この本では皆さんを私が潜ったことのある日本列島の周辺の海底に御案内しよう。そこにはあなたが想像もしなかった動的で感動的な世界が広がっていたのだ。

私たちは動かざること大地の如き堅い陸の地盤の上に立って生活している。日常の生活に追われて堅いはずの大地が実はもろい脆弱なものであり、一度大きな地殻変動に見舞われるともろくも崩れ去ることを忘れがちである。また日本列島は世界地図で見ると小さな島であるが、これが海岸から離れた場所で生活しているとつい海の影響を忘れてしまう。本書を世に出した理由は日本列島を海底から見上げたり、地球全体として見ると実はたいへんちっぽけだが特徴のある地域であること、ここで発生するエネルギーはどこよりも大きく、そのためきわめて変動の大きい場所であることを理解してほしい。そして日本列島に生活するかぎり変動による破壊や災害はある程度は避けられない運命にあることを理解してほしいからである。

序章　地球の見方——潜水調査船科学への招待

潜水調査船「しんかい六五〇〇」に乗り込む

まず皆さんを潜水調査船で深海底まで御招待しよう。あなた方は今、真夏の太陽がさんさんと降り注ぐ「しんかい六五〇〇」の母船「よこすか」の甲板にいる。今日の海はベタ凪《なぎ》で絶好の潜航日和である。皆に見送られて狭いハッチのはしごを伝って潜水調査船の中に乗り込む。窓から覗くとたくさんの人たちがそれぞれの持ち場で潜水調査船の着水の準備のために働いているのが見える。パイロットとコ（副）パイロットが乗り込む。内径二mの中は三人になるとさすがに狭い。パイロットがヘリコプターのコックピットのような計器盤を前にしてコパイロットの読み上げるチェックリストにしたがって計器をチェックする。人が乗り込む有人の潜水調査船では、この、車の始業点検に相当するチェックはきわめて重要である。最初は母船の「よこすか」の電源で行なう。

以下はコパイロットとパイロットの会話である（一九九七年当時）。

コパイ「無線機電源スイッチオン確認」パイ「はいオン確認」

コパイ「主電源管理盤立ち上げ」「一、二番主電源NFBオン？」これは「いちふたばんしゅでんげんエヌエフビーおん」と読む。パイ「はいDSオン」コパイ「通信油圧DSオン？」パイ「はいDSオン」

コパイ「AC一〇〇ボルト電源NFBオン？」……。

この競り市のようなやりとりをしながら点検を繰り返すのである。あるいは狂言のシテとワキの掛け声のかけ方とでもいうべきであろうか？　位置を決めるピンガーを同期させ船外電源を船内の電源に切り替える。絶縁抵抗を測りすべて正常であれば次へ進む。

こういうやりとりと併行して母船のほうでは潜水調査船を引き出したり吊り上げたり着水させたりする作業を行なう。音頭は一等航海士（チョッサー）がとる。彼の掛け声で全員が動く。船長は船を操船する。そしてこれらの作業が後部甲板で行なわれるため、この船では後部制御室というものが備え付けられており、そこでこのようなウインチの作業がコントロールされる。

チョッサー「後部ガイド索、手動に切り替えて巻きだし」一等機関士が復唱して作業をする。「ピンチローラー開放」……。

潜水調査船の着水・揚収の作業は船の関係者の全員が共同で行なう作業であり、一種のオーケストラのようなものである。管弦楽と吹奏楽そして指揮者。そしてたった一人の研究者が全員のサポートのもとに海底に送られるのは、まさにぜいたくのきわみであろう。

やがてハッチが閉まるとまるで蒸し風呂に入ったようで、汗がどっとほとばしり出てくる。ハッチの部分はすりあわせて作ってあり、ここから水が入ると命取りになるのでアルコールでよく拭いてきっちりと閉める。フランスの潜水調査船「ノチール」ではここから水が入って緊急に浮上したことがある。

用意がよければ潜水調査船の載っている台車を引き出す。台車に揺られて潜水調査船は甲板の後ろにある吊り上げるAフレームのすぐ下へくる。スイマーたちが吊り索を潜水調査船につなぐとやがてふわーっと吊り上げられる。この間、研究者はこれから海底でどのように観察しサンプリングするかなど検討した計画を反復し、スタートラインに並ぶような気持ちでいる。窓から覗くと紺碧《こんぺき》の海が目の前に迫ってくる。ひとしきり汗が出た後なので海面の水色が涼しそうに窓を濡らす。やがて目の前の海面からしぶきがあがる。着水すると窓から前方の「よこすか」のプロペラが見える。船のプロペラなんてそうざらに見られるものではない。再びパイロットとコパイロットは計器類のチェックを行なう。チェックが終わると母船に連絡する。「よこすか／しんかい、異常なし。潜航用意よし」「よこすか了解」。ベントを全開して潜航を開始する。潜航を始める時の潜水調査船を洋上から見ているとまるでクジラの潮吹きである。

一方、船内では窓から見える景色に変化が現われる。深海底へ往復する間に海水の断面が観察できるのである。

まず海水の温度は？　温度は海洋の表面では高く、徐々に下がってゆく。海域によって異なるが、黒潮などは表面が二七度くらいで五〇〇mくらいの深さでもまだけっこう温度は高い。いろいろな深さで温度がジャンプするのが観察される。これは塩分も同じで「温度躍層」と言っている。

波は？　波は二五mくらいまでは影響があるが、それより深くなるとまったく影響がない。船酔いする人でも水深二五m以深に行くと船酔いしなくなるのである。

光は？　あたりは徐々に暗くなり、やがて真暗闇になる。だんだん太陽がかげってきてやがて真暗になる様は、真夏の夕方から夜みたいで風流である。気温はどんどん下がり窓には露が付く。真暗になった海を見つめていると潜水調査船の窓からは夜光虫の踊りがゆらゆらと見える。まったく単調な静けさの中に母船と交信する音が奇妙に響く。「よこすか／しんかい、深さ一〇〇〇m」「ト、ツー、ト」。ある深さからはモールス符号になる。海底が近づくと潜水調査船はいったん止まる。余分に持っていた錘を切り離すのである。勢いよくきりもみ降下していた潜水調査船は水中に中立になる。海水とまったく同じ密度になるようパイロットは注水したり排水したりしてトリム（中性浮力）を作る。そうすると浮きも沈みもしない状態になる。そういう調整がすむといよいよ海底を目指す。そして今度はゆっくりと自身で降下を始める。ライトがつけられ、やがてぼんやりと海底が見えてくる。まるで浦島太郎のお伽の国に来たようである。そして着底。真暗で長いトンネルをくぐること何と二時間半の旅であった。私たちは今、降り注ぐライトに映し出された深海底に降り立った。

潜水調査船科学＝深海底の博物学

潜水調査船で海底を観察するのは気球（ヘリコプター？）に乗ってエベレストの急崖をゆっくりと観察するようなものである。潜水調査船で海底を観察したり観測したりする直接的な方法は、船の上から海底をあてずっぽうに調査する間接的な方法に比べて以下のような大きなメリットがある。

まず自分の目で直接ピンポイントの露頭《ろとう》を自由自在に観察することができる点である。これは陸上では空中に浮いて露頭を観察できないことを考えれば、まさに夢のような話である。海底カメラや無人探査機では、いずれも揺れる船から何千mもの長さのケーブルを介しての操作になるので、かゆいところへ手が届かない。今、露頭が見えたかと思うと、次には船の揺れですぐに引き離されてしまう。海底から自分のほしい試料をサンプリングすることもままならない。たとえば直径二cmの熱水噴出孔から噴き出す熱水をサンプリングしたり、泳ぎまわっているエビを採ったりすることは船の上からではとうてい不可能な相談である。ましてや地層の方向や断層の方向を正確に測ったりすることは、間接的な方法では最も困難な仕事となる。潜水調査船の窓から覗くと水の存在はまったく気にかからない。しばしば水のあることに気が付かないくらいである。

船の上で作成したいかなる精度の高い地形図をもってしても海底での観察にはかなわない。それは顕微鏡が発明されたために葉っぱの細胞が見えるようになったことと似ている。またガリレオの双眼鏡による木星の衛星の発見と似ている。潜水調査船を用いたサイエンスは、ある意味ではひとつの特徴を持った独立した「潜水調査船科学」と呼べるものかもしれない。

地球科学がまだ黎明《れいめい》期であった頃、博物学という分野の学問が存在した。十七世紀からその萌芽があり、十八世紀の中頃から十九世紀の中頃がその最もはなばなしい時期で、二十世紀の初め頃まで盛んだった。リンネ、アガシ、ヘッケルなど枚挙にいとまがないが、何といっても最大の博物学者はアレキサンダー・フォン・フンボルトであろう。彼の著書『コスモス』はその頂点である（惑星探査で著名なカール・セーガンもこの本と同じ名前の本を出版している)。

博物学は、その後は分業してゆく。私は博物学こそ自然科学の原点であると思っている。そして潜水調査船科学とは、まさに「深海底の博物学」であると思う。潜水調査船で海底を三、四時間さまようと、地形、地質、生物、化学などあらゆるものが観察できる。その際に、きわめて偏った研究テーマの人は、それ以外の分野の観察項目を見落としてしまうことがありうる。岩石を採ることに夢中になっていて、そのすぐ横を世にも珍しい生物が通過してもまったく何の関心も示さないのは不幸である。それは観察者にとって不幸なだけではなくて、潜航で得られた映像やサンプルを用いて、今後研究しようという意志のある不特定多数の研究者にとって不幸なのである。そういう意味では潜航研究者は多くの人々のために「深海底の博物学」を志すべきである。潜水調査船のパイロットこそは現場で鍛えた優秀な博物学者であると言える。実際、「しんかい六五〇〇」のパイロットたちは、世界の潜水調査船のパイロットと同様に優秀な博物学者であり技術者である。

さて潜水調査船の話はこのくらいにして、以下は「深海底の博物学」として潜水調査船を利用するときや、本書の主題である日本列島とその周辺がどのような地球科学的な特徴を持っているのかを理解するために必要な最小限の専門的な解説である。面倒な人は読み飛ばしてもらってけっこうである。

世界地図を眺めると

地図を広げてみよう。世界地図を見ると大陸と海洋の分布の様子が一目瞭然である。学校で使われている地図帳には詳しい海底の深さは書かれてはいないが、ここに示した地形図はいわば海水を取り去った地表の大地形を表わしている。あなたは今、月面に立っていて海水のない地球を見ているとしよう。そうすれば地球上のこのような大地形を目にすることができるだろう。今まで海水に隠されていた部分からは、思いもよらない大きな地形や構造が現われてくる。地形を立体的に見ることは重要である。陸上の平面ではあまりよく見えなかった地形や構造が浮かび上がってくるからである。陸上の地形を上から見たものを鳥瞰図というが、海底の地形は何というのか。私は「鯨瞰図」と名付けた。海底の地形は音を使って調べることができる。鳥には海の中を見ることはできないし魚は目の前のものしか見ない。しかしクジラは数十ヘルツの音波を出して互いに交信したり、返ってくる音波から地形を判断しているという。したがって鯨瞰図というのが最も適当であると考えたわけである。地球上には大きく見て大地形が四つあり、これらは地球の過去の大きな変動によって形成されたものである。

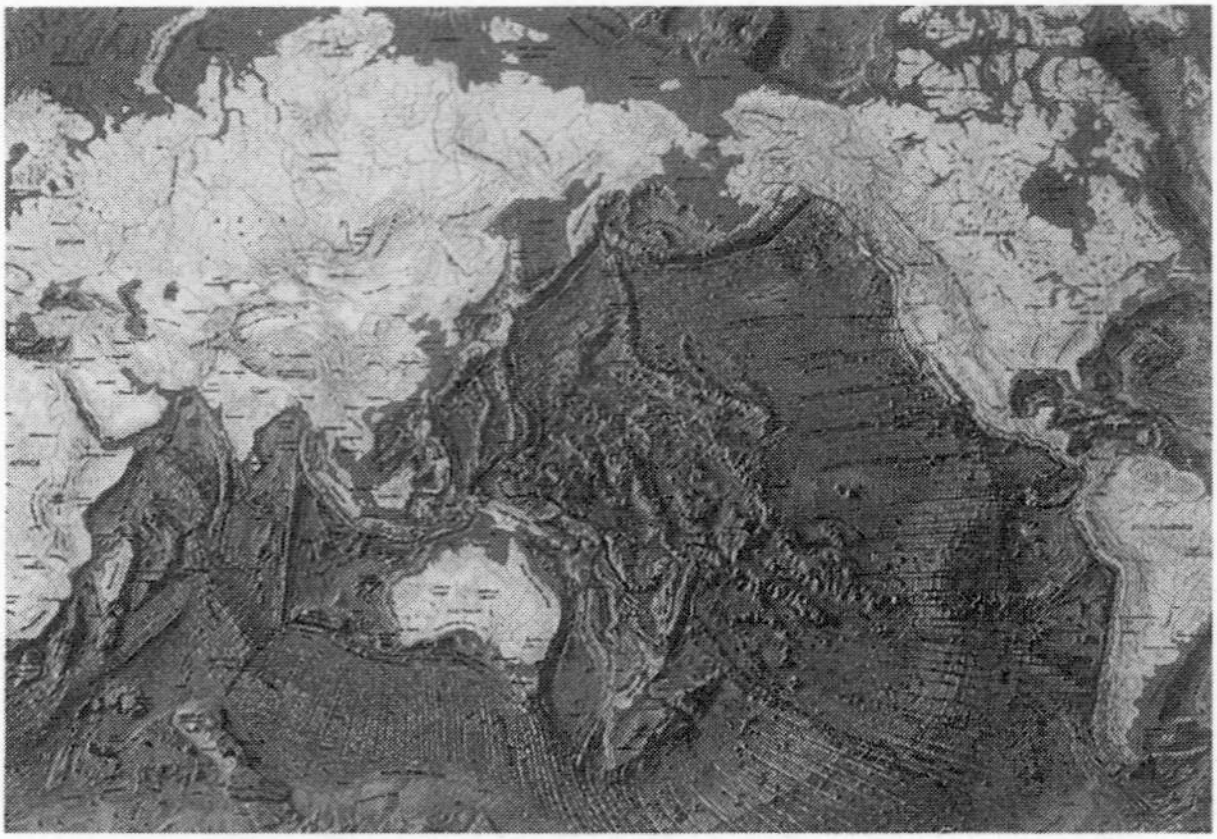

ヒーゼンによる世界海底地形図（太平洋部分）

The Floor of The Oceans.（Bruce C.Heezen and Marie Tharp of The Lamont-Doherty Geological Observatory Columbia University Palisades, Supported by The United States Navy Office of Naval Research）

まず第一に大西洋の真中に目を向けてみよう。南アメリカ大陸の東の海岸線とアフリカ大陸の西の海岸線の両方に、ほとんど平行に走る巨大な山脈が延々と続いているのがわかる。これは「大西洋中央海嶺《かいれい》」と呼ばれる海底の大山脈である。発見されたのは、今から四〇年以上も前の一九五〇年代である。大西洋中央海嶺は周辺の深海底から二〇〇〇m以上もそびえ、その幅は一〇〇〇km以上もある巨大な構造である。この海嶺は大西洋ではアイスランドの北から赤道を越えて南へと続く。海嶺はさらにアフリカの南端を東へと迂回してインド洋へと入る。マダガスカル島の東で海嶺は二つに分岐する。一本は北へ、アラビア半島からアデン湾へと入ってゆく。もう一本はさらに東へ、オーストラリアの南を通って今度は太平洋へと入り、さらに北へと延びてカリフォルニア湾へと続いてゆく。このように全長六万kmにもわたって巨大な山脈が全地球を取り巻いているのである。これを一般的に「大洋中央海嶺」と呼んでいる。大洋中央海嶺では玄武岩質マグマが地下深部から上昇してきて、常に新しいプレートが形成されている。新しいプレートは両側に拡大してゆく。

二番目にはこれらの海嶺をよく見ると、それを直角に横切る方向に無数の傷が、まるで刺し身の切り口のように分布しているのがわかる。長いものでは大西洋をほとんど横断してつながっている。これは「トランスフォーム断層」あるいは「断裂帯《だんれつたい》」と呼ばれる構造である。トランスフォーム断層とは、海嶺が拡大する時に生ずるずれによってできる断層とその破砕帯である。したがって海嶺のあるところには必ずトランスフォーム断層が存在する。米国西海岸に見られるサン・アンドレアス断層は頻繁に大きな地震を起こして災害を発生させているが、実はこれはカリフォルニア湾に入る東太平洋海膨《かいぼう》とバンクーバー沖のゴーダ海嶺とを結ぶトランスフォーム断層なのである。

三番目は西太平洋に目をやってみよう。ここには水深が六〇〇〇mより深くて細長い溝状の地形が、ちょうど陸を縁どるように分布しているのがわかる。この細長い溝状の地形はアラスカのアリューシャンからカムチャツカ半島を経て東北日本の東沖、さらに伊豆・小笠原からマリアナへとつながる。このような地形を「海溝」と呼んでいる。水深が六〇〇〇mより浅くても溝状の凹みの続くものを「トラフ」（舟状《しゅうじょう》海盆）と呼んでいるが、海溝と同じである。相模湾や駿河湾、そして四国の沖にトラフがつながり、九州からは琉球海溝へとつながる。海溝は海嶺と対峙される地球上の大構造である。海溝では海嶺で形成されたプレートが地球の内部へと沈み込んでゆくために、巨大地震の発生や火山の噴火などのさまざまな変動現象が起こっている。西太平洋には特にたくさんの海溝が分布している。

最後に紹介する構造も、やはり西太平洋に多く存在する。よく見ると無数の星をちりばめたように円形の地形的な高まりが存在するのがわかる。地形的には富士山のような成層火山とよく似た円錐形を呈しているが、多くの場合それらが組み合わさった複雑な形をしている。これは海山《かいざん》とか海台《かいだい》とか呼ばれている。多くが玄武岩質の溶岩によってできた高まりである。中にはその頂上が平坦なギヨーと呼ばれるものもある。

ギヨーは後に出てくる「海洋底拡大説」を提唱したヘスによって命名された。これは火山島が沈降し海面近くで侵食されて平坦になり、さらに海底に沈降したものと考えられている。また頂上が海上に出ている海山、実はこれは火山島である。地球上の最大の火山はハワイ島である。ハワイ島の最高峰はマウナ・ケア火山で高さは四二〇六mであるが、これは海水の上に浮いているのではなく、その根は海底下五〇〇〇mにある。もしあなたが海底からこれを見上げると、実にチョモランマ（エベレスト）より高い九〇〇〇mを越える火山になるわけである。ちなみに火星には高さ二万六〇〇〇mもあるオリンポス山が知られているが、これは太陽系の惑星では最大の火山であろう。

このように地球上の地形はきわめて起伏に富んでいる。凹凸を作る作用にはさまざまなものが考えられるが、その原因は大きく二つに大別できる。一つは太陽のエネルギーに依存する外因的な作用で、もう一つは地球の内部エネルギーに依存する内因的な作用である。前者は風化や侵食を起こす。すなわち、気温の変化、風、雨、波、生物等により侵食作用を起こし岩石を壊してゆく。後者は地球内部のマグマやこれが固まった火山岩などを作ってゆく作用である。今から四六億年前に地球ができてから、これらの作用が複雑にからみ合って現在の地表を形成してきたのである。

海と陸の分布

世界地図を見ると地球上の海と陸の分布にはかなり偏りがあることも一目瞭然である。このような分布の偏りは、どうやら地球の起源とその後のダイナミズムに関係があるようだ。後に出てくるように、海陸分布は地質学的な時間とともに変化する。たとえば、今から六五〇〇万年前の白亜紀の終わり頃には南極はまだ他の大陸とつながっており、現在のように孤立してはいなかったのである。南北アメリカは互いに離れていてパナマ地峡は存在しなかったので、この頃は運河を掘らなくてもよかった。このように大陸と海洋の分布の変化は全地球的な海流の流れや地球の気候の変動に大きな影響を与えている。また山の高度の変化も同様に、植生や気候に大きな変化を与えている。ヒマラヤ山脈とモンスーンがそうである。

長い時間の変化で気候や環境を考える場合には、海陸分布は本質的に重要な役割を果たしている。大陸が移動することを最初に提唱したウェーゲナー以降、多くの人が海陸の分布の時間的な変遷を研究してきた。最近ではセンゴールが復元した海陸分布がよくまとまっている。二億年より古い時代の海陸分布を復元することはきわめて困難であるが、地磁気や化石、岩石の研究などにより今では実に先カンブリア時代から現在までの大陸の復元が試みられているのである。

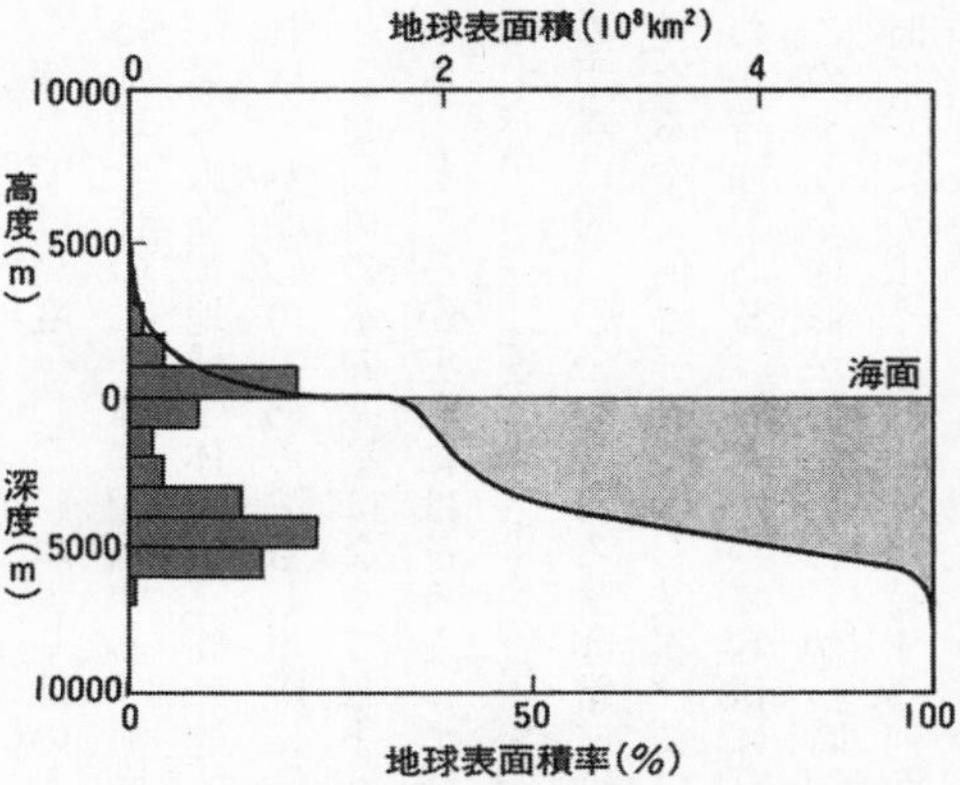

「ヒプソグラム」地球表層の高度の分布と高度面積曲線
(Sverdrup et al., 1942 による)

ヒプソグラム

地球の高度の分布にも著しい特徴がある。高度分布を見るには、地球の表層の高度一〇〇〇mごとにその分布面積を示した図、ヒプソグラムを見るとよくわかる。陸上の一番高いところはいうまでもなくヒマラヤ山脈のチョモランマで八八四八mである。一方、海の一番深いところはマリアナ海溝*のチャレンジャー海淵《かいえん》で一万九一一mである。地表付近に見られる凹凸はだいたいこれら二つの差、約二〇kmということである。これは地球の半径六三七〇kmから見ればないに等しいが、その上に住む私たち人間（約一・八mのスケール）の尺度にとってはきわめて大きな起伏なのである。

陸上では高度一〇〇〇mより低いところが圧倒的に面積が広いことがわかる。これは地球全体の二一％に相当する。海底では実は四〇〇〇―五〇〇〇mの深さのところが最も広く、地球全体の二三％に達する。また、陸の平均高度は八四〇mで海洋のそれは三八〇〇mである。もし単純に陸を削って海を埋めてゆくと、地球は平均の深さ三〇〇〇mの水の惑星になってしまう。これが地球は「水の惑星」と呼ばれるわけである。ところが実際にはそうなっていないし、日本列島を見ると最高峰の富士山（三七七六m）と、そのすぐ近くの房総の沖には水深九二〇〇mの海底がある。その水平の距離は約二〇〇kmである。非常に近接したところに深まりと高まりがあってその落差たるや、何と一三kmにも及ぶ。長い時間を経過すると起伏はならされて平坦になるのが普通である。したがって起伏に富んだ落差の大きい地形が存在するということは、このような地形が形成されてから時間があまりたっていないことを示している。と同時に、このような起伏を維持する何かがあるということになる。このことは、後に詳しく述べるが日本列島の大きな特徴の一つである。

＊世界最深部についてはさまざまな値が報告されているが、この値「一万九一二一m」は海洋科学技術セ

ンターの無人探査機「かいこう」によって一九九五年に計測された。

地球上で最も多い岩石は

地球は今から四六億年前に微惑星の集合が原始地球として誕生した。その後、周辺の微惑星が原始地球に頻繁に衝突した結果、衝突の熱エネルギーで地球は温められ、やがて融けはじめる。このときにマグマの海——マグマオーシャンが形成された。現在観測されている地球の層状構造が形成されたのはこのときであろうと多くの研究者は考えている。地球の内部構造は、地震波の伝わり方からわかっている。地表から深さ一〇—七〇kmくらいまでが地殻、二九〇〇kmまでがマントル、さらに地球の真中までが核である。ちょうど卵の殻と白身と黄身のようなものだ。核はさらに深さ五一〇〇kmで外核と内核とに分かれる。前者は液体で後者は固体である。

カーネギー地球物理研究所の初代所長のクラークとワシントンは一九二四年に地殻の平均化学組成を計算するため、地球上の岩石約五〇〇〇個の化学分析を行なった。そして地殻の中に多い元素を順番に並べたクラーク数を提案した。同様のことをポルダーヴァートが一九五五年に氷縞粘土七七個の平均組成から算出している。地殻の中にはケイ素、酸素、ナトリウム、カリウム、アルミニウム、マグネシウム、鉄等の元素が多い。最も多いのは酸素とケイ素で地殻の物質はシリカの含有量で表わされる。ちょうど、有機物が炭素、水素、窒素で表わされるように。地球上で最も多い岩石、つまり最もありふれた岩石は玄武岩と花崗岩である。実はこれは地球の表層、地殻中での話である。玄武岩は比較的シリカの少ない岩石（五〇％程度）でマグネシウムや鉄に富む。それに対して花崗岩はシリカが多く（七〇％程度）アルミニウムやカリウム、ナトリウムなどが多いという特徴がある。そして地球や月の海と陸の構造がこのことを反映しているのである。

海と陸では、それらを構成している岩石に大きな違いがある。海を造っている岩石は、たいてい伊豆大島や兵庫県の玄武洞などに見られる黒っぽい火山岩、玄武岩質の岩石である。玄武岩はカンラン石、輝石、長石等からできた岩石である。一方、陸は主として白っぽい花崗岩質の岩石からできている。花崗岩は長石や石英や角閃石や雲母などでできた岩石で御影石《みかげいし》とも言われ、いろいろな建築素材に使われている。花崗岩の密度は二・六くらいであるが、玄武岩の密度は花崗岩のそれよりも少し大きい。実はこの密度の差が重要で、時間がたつと重たい玄武岩の上に軽い花崗岩が浮いたようなかたちになるのが最も安定した状態なのだ。

月の表面構造もこれに似ている。満月の日に月の表面を望遠鏡でよく見ると太陽の光の反射率の高い、輝いて見える部分を月の陸、反射率の低い、黒っぽく見える部分を月の海と呼んでいる。それらは斜長石（岩）を主とする部分と玄武岩を主とする部分とに分かれ、地形的にも陸の部分が相対的に高い。つまり海と陸というのは水があるかないかではなく、その地下を構成している物質の違いを反映しているのである。

地球の元素の分布

「地球の平均化学組成は？」と聞かれるとエッと答えてしまう。だいたいどうやってそんなことが決められるのだろう。マントルや核を構成する物質は直接手にすることができない。そこで地球とよく似た構造を持つ隕石を使うのである。一九七三年にメキシコのアエンデに降った隕石は有機物を含むもので地球の始原物質に近いと考えられている。最近では南極からたくさんの隕石が発見されており、地球の起源や火星に関する情報が見直されている。隕石でも有機物を含む隕石は炭素質コンドライトと呼ばれ地球のもとになる物質であると考えられている。この中に含まれる超塩基性岩がマントル、隕鉄の部分が核を構成する物質の代表であると考えて、平均組成が計算できる。マントルではマグネシウムや鉄が多く、核では鉄とニッケルが圧倒的に多い。

地球は全体で見ると鉄と酸素の星であると言える。実際地球の平均密度五・五二は鉄の鉱物である磁鉄鉱の密度五・二に近い。

地形の見方——三とおりの方法

一口に地球の地形といっても、観察者の視点によって見えてくる構造はかなり違うものとなる。ここでは、三つの視点にしぼって、地形の見方を考えてみたい。まず（1）スペースシャトルから見た地球。これは宇宙から見た地球で、言わば大構造を解析することにあたる。このような位置から見える構造は、数億年かかって形成されるような運動を反映している。次に（2）船に乗って地球一周をした時に見える地形。これは海面から見た地球で、言わば中くらいの規模の地形を反映している。最後の（3）潜水調査船で中央海嶺や日本海溝の地形を見る。これは潜水調査船から見た地球で言わば微地形の解析である。これはかなり短い時間に起こった変動を表わしている。（1）の大地形はこの微地形の繰り返しによって形成されたのである。ある意味ではフラクタルのようなもので、大地形の中には中位の、中位の地形の中には微地形が繰り返し出てくるのである。このように地形をいろいろ異なった尺度で、いろいろな方向から眺めて自然を考えることが、地球科学にとっては基本的に重要である。

第一章　地球科学の基礎知識——動かざること大地の如し

現在、私たち地球科学を研究する者にとって金科玉条のように使う言葉に「プレートテクトニクス」という言葉がある。この考えが出てくるのは一九六〇年代の後半であるが、このパラダイムが構築されるに至った背景には、海洋の研究が重要な役割を果たしてきた。日本列島周辺の海底の特徴を見る前に、ここではまず海洋の研究がいつ頃から、どのようにして始まってきたのかを駆け足で眺める。そして「プレートテクトニクス」の前身である「大陸移動説」や「海洋底拡大説」が生まれた動機や背景などについて見てゆきたい。これらの説の根拠になった多くの観察事実こそ海洋底地球科学者にとって、あるいは探偵にとって見落としてはならない貴重な材料である。それらをいかに巧みに組み立ててこれらの考えに至ったかを知ることは、これから新しい地球科学のパラダイムを構築する際に重要である。以下、ここでは簡単に現在までの流れを概観する。

インスタント海洋の研究史

本格的な海洋の近代的研究は十九世紀まで待たねばならないが、それまでの間に海洋の研究に大きな影響を与えた発見がいくつかある。駆け足で見てゆこう。

古代の海洋の探検は紀元前のフェニキアの海洋軍団にさかのぼる。あるいは単に海を渡ることだけであったら、さらにその起源は古くなるであろう。この頃は地中海やアフリカの東部に関しての知識がかなり蓄積されており、ヘロドトスの著した世界地図にはインドまで描かれている。その後、ギリシアのサラミスの海戦やアレキサンダー大王の遠征などで、海陸分布の地理的位置の発見がヨーロッパ世界では急速に増えトレミー（プトレマイオス）の地図ができた。

古代から中世にかけて、中国では武帝の命を受けた張騫《ちょうけん》の西域探索（紀元前一三九年）や僧法顕《ほっけん》の仏典を求めたインド大旅行（三九九年）がある。北海ではバイキングが、地中海では十字軍のたび重なる遠征があり、世界はさらに広がった。日本の鎌倉時代に元寇のあった頃、マルコ・ポーロが大旅行をし『東方見聞録』（一二九八年）を著している。また「シンドバッドの冒険」などに出てくるアラビア人の活躍や海のシルクロードはこの頃である。これらの時代に書かれた日記や物語は、ヨーロッパ世界以外の国の地勢をあますところなく後世に伝えている。

十五世紀のいわゆる「大航海時代」には、鄭和《ていわ》の南海（インド洋）の航海やヘンリー航海王のアフリカ沿岸の探検があり、ついに一四九二年にはコロンブスが大西洋の横断に成功するという偉業を成し遂げた。一五九八年にはバスコ・ダ・ガマのインド航路の発見などがあり、海洋の探検はヨーロッパから東へと波及していった。一九九八年はバスコ・ダ・ガマのインド航路の発見五〇〇年を祝う記念の行事がポルトガルのリスボンで開かれた。

地球が丸いことを証明したマジェランの世界一周航海は一五二二年に達成された。これら一連の地理上の発見は、いうまでもなく当時のヨーロッパ社会の市場獲得競争であり西側諸国の繁栄の証であった。同時に地球科学にとっては地球が丸いことを証明した画期的な発見でもあった。大航海時代以後は、スペインとポルトガルの海上主導権争いが始まる。特にエル・ドラドを求めて中米から南米にかけての探検と忌まわしい侵略とが始まる。フランシス・ドレークはスペインの無敵艦隊を破り、その結果スペインやポルトガルに代わってイギリスやオランダが台頭してくる。十八世紀にイギリスの領土拡大に貢献したキャプテン・クックは、三回の航海でニュージーランドや南半球の多くの島々を発見する。その後、大きな発見はなく、探検は両極域や太平洋の島々などが標的であった。十九世紀より前の時代の探検は海洋の研究というにはほど遠いが、航路の確保や海流、気候などに関する経験が次の世代へと引き継がれていったことで意味があった。

近代的な海洋の研究は十九世紀になって初めて行なわれた。それを先駆的に担ったのはイギリスである。以下に述べる「ビーグル号」の航海と「チャレンジャー号」の航海であった。

「ビーグル号」の航海（一八三一年一二月二七日─三六年）

エジンバラ大学の博物学教室を卒業した若いチャールズ・ダーウィンは、植物学者ヘンズロー教授から世界一周航海に行ってみないかと勧められる。この航海の記録は彼自身の本『ビーグル号航海記』に詳しく書かれている。ダーウィンはいろいろな大陸や島々に上陸して、生物や地質など博物学的な記載を行なった。たとえば大西洋に浮かぶセントポール岩礁がカンラン石からなることを書いている。彼は火山や岩石にも造詣が深く、上陸地の生物やすべてのことに関心を示し、それを書き留めている。後に生物の進化に関して革命的な本『種の起源』を一八五九年に発表した。ダーウィンの仕事のうち地球科学に関係する最大の貢献はサンゴ礁の発達とその成因についてである。「ビーグル号」の航跡は実は全部南半球であるが、多くの時間を熱帯や亜熱帯に費やしている。そしてそこには多くのサンゴ礁が分布している。『ビーグル号航海記』の第二〇章には、インド洋のキーリング諸島（ココス諸島）のサンゴ礁について、いくつかのスケッチを加えて詳しく記載されている。また彼は『サンゴ礁の構造と分布』（一八四二年）という本を書いているが、これは地球科学に関係した大きな研究成果であった。

ダーウィンはサンゴ礁を三つの形態、「裾礁《きょしょう》、堡礁《ほしょう》、環礁《かんしょう》」に分類した。裾礁とは活火山を持つ火山島の周辺にそれを縁どるように成長するサンゴ礁である。堡礁とは火山島とサンゴ礁との間にラグーンなどが発達したもので、ちょうど大海の波に対する防波堤（バリアー）のようになっている。オーストラリアのグレート・バリア・リーフがそうである。環礁とは島がなく円形のサンゴ礁だけが存在するものである。彼はこれらが時間の経過とともに変化したものであることを見抜いている。すなわち熱帯の水深の浅いところにあるサンゴが、しだいに島が沈降するにつれて上方向に沈降に負けずに成長してゆくというモデルである。このことは後の二十世紀になって、たとえばビキニ環礁やその他いくつかの環礁でボーリングが行なわれた際に証明されている。しかし、厳密に言えばダーウィンの仕事は陸上の研究であって海洋の研究ではなかった。

「チャレンジャー号」の航海（一八七二年一二月二一日—七六年五月二四日）

「ビーグル号」の航海から四〇年ほどたった頃に、本格的な世界初の海洋研究が始まる。多くの研究者は「チャレンジャー号」の航海こそ、海洋研究の草分けであるとしているかである。ダーウィンの研究は多くの場合、陸上の地質や生物に主眼が置かれているからである。十八世紀の終わり頃、デンマークの博物研究家のミューラーが牡蠣《かき》を採るためにドレッジ（かごやバケツのようなものをワイヤーで海底に降ろし、引っ張って生物や岩石を採る道具）というものを発明し、十九世紀の初めにはこれを改良したものを用いて海底から生物がたくさん採集された。フォーブスは水深が深くなるにつれて生物の種の種類が減少することに着目し、水深三〇〇ファザム（五四〇mくらい）ほどで生物がまったくいなくなる「無生物帯」の存在を提唱した。「チャレンジャー号」は当時、大議論になっていた生物学の諸問題、つまり「深海には生物が棲むのか否か？」、「ハックスリーの白亜の連続」（生物の生息に不連続はない）、「生物と無生物の間を結ぶ『バチビウス』の正体はいったい何なのか？」などをテーマに世界一周の航海に出かける。

この航海には四二歳のウミユリの研究家、エジンバラ大学のトムソン教授を団長とする五人の専門家が参加した。内訳は博物学者四名、化学者一名である。まず研究者最年長の野人ジョン・マレーは三一歳の博物学者。名門の出のモーズレーは二八歳の博物学者。ブキャナンは二八歳の化学者。彼は生物と無生物の間を結ぶ「バチビウス」の正体が単なる化学反応の生成物であることを突き止める。そして独り外国からドイツの博物学者ビレメースーズーム二五歳が乗船した。団長以外はほとんどが若い優秀な研究者であった。ビレメースーズームは航海途中、二八歳で病気で亡くなるが、他の四人はその後も海洋研究に大きな影響を与えている。特にジョン・マレーは後世に残る『チャレンジャー・レポート』の作成に大きな貢献をした。

この航海は「ビーグル号」の航海と違って北半球にも調査の足を延ばしている。航海は六万八八九〇海里を走行し、可能な限り等間隔に三六二の地点でさまざまな測量、ドレッジを行なって、海底の堆積物、岩石、マンガン団塊、生物の採集、海水の温度測定や海水の採集を行なっている。それらの成果は『チャレンジャー・レポート』に収められている。「チャレンジャー号」は明治八年（一八七五）四月には横浜にも立ち寄っており、乗組員は明治維新直後の新しい日本の休日を楽しんでいる。船は横須賀へ回航し横須賀造船所で船体の修理を行なっている。研究者のためのレセプションが開かれたり、明治天皇に拝謁したり、日本近海での調査を行なったりしている。

ジョン・マレーが一八年間にわたって心血をそそいで完成した『チャレンジャー・レポート』は、全五〇巻、本文三万ページ、図版三〇〇〇点以上にのぼる。そしてこのレポートは現在でもなお海洋研究のバイブルとして世界中の研究者に愛読されている。

大陸を動かした男——アルフレッド・ウェーゲナー

一九一二年、ドイツの気象学者アルフレッド・ウェーゲナー（一八八〇—一九三〇）は大陸が移動したことを発表した。当時の地球科学者たちは大地は動かないものと信じていた。したがって彼の考えはいかにも奇抜で、天文学者のコペルニクスやガリレオのように多くの人々の反発を買った。

日本では大陸移動については寺田寅彦の『日本海の成因』（一九三四年）や、寅彦が大正一二年（一九二三）に日本天文学会で行なった講演がある。また北田宏蔵の『大陸漂移説解義』が大正一五年（一九二六）に古今書院から出版されている。また昭和六年（一九三一）に出版された望月勝海の『地質学入門』には大陸移動説が紹介されている。しかしこのような考え方は、ごく一部の先駆的な研究者にしか浸透しなかった。

以下にウェーゲナーが集めた当時の多くの情報から、大陸が動くと考えたほうがいかに多くのことを簡単に説明できるかを取り上げてみた。

重なり合う大陸——地形や地質の証拠

まず取り上げられるのは地形である。たとえば地図帳を引っ張り出してアフリカ大陸の西と南米大陸の東の海岸線を見ると、その類似性にあらためて驚く。私たちは太平洋を中心にして描かれた地図を見慣れているので気が付きにくいが、大西洋を中心にしたヨーロッパの地図を見ると海岸線の類似性は明らかで、ほとんど議論の余地がない。大陸移動説がヨーロッパからたやすく出てきたことはうなずける。海岸線は、たとえばブラジルで東に出っ張っているところは中央アフリカで凹んでいるといった具合に、実際地図をハサミで切って合わせてみるとほとんどぴったりと重なり合うことがわかる。ウェーゲナーはまずこのことに注目した。

海岸線の形はその後、水深一〇〇〇mの等深線で合わせると最もよく合うことが確かめられた。また大陸をはめ合わせると、重なる部分と足りない部分のあることもわかってきた。重なるところは大陸が分かれてから火山活動などで陸地が増えたところ、足りないところは侵食で削られたところであった。ウェーゲナーはまた、もし大陸がもともとくっついていたとすれば、くっついていた時代より古い構造、たとえば褶《しゅう》曲《きょく》山脈や盾状《たてじょう》地などは大陸を元へ戻せばぴったり合うはずであると考えた。新聞紙を切って元に戻すときには、その中の文字がきちんと読めなくてはならないのと同じである。実際、古生代にできたカレドニア造山帯と呼ばれる山脈や盾状地はぴったりと重なる。

海を渡らなかった生物たち――古生物学的証拠

古生物学の研究では、アメリカ大陸やアフリカ大陸に生息していた海を渡ることのできない生物の進化に関する研究が進んでいた。専門家は何の疑いもなく「陸橋」という概念を導入して生物の進化を説明していた。「陸橋」とは横断歩道橋のようなもので、細く長い道路を横切る橋のようなものだが、このようなものが大陸と大陸との間の橋渡しをしており、海を渡れない生物はここを通って互いに交流していたとするものである。そしてこの「陸橋」はあるとき突然切れて、それより新しい時代には生物はもはや交流ができなくなり、独自の進化の道を歩んだとする考えである。

しかし、事実が積み重なるにつれて、さまざまな大陸の間にいろいろな時代にこの「陸橋」を設定しなくては生物の進化を説明できなくなってきた。このような考えは言わば古生物にだけ都合のよい考えであって、無限に「陸橋」を導入すればよい。しかし、そうするといつでも都合のよい時に都合のよい場所に、「陸橋」を無限に生物の数だけ導入すればよくなってしまう。ところが、大陸移動説にしたがえば、いっさいこのような「陸橋」を導入する必要がないのである。なぜならば、もともと大陸はくっついていたので、生物は海を渡らずに自由に両大陸を行き来できたからである。

氷河の跡――古気候学的証拠

高い山には美しい氷河が見られる。雪線より上では夏でも雪が融けず、圧密によりやがて氷となる。氷は次第に厚みをましてやがて氷河に発達する。山岳氷河は一年間に一m程のゆっくりとした速度で流動して山の麓まで降りてくる。麓の気温は高山より高く、気温が高くなると氷河は融ける。氷河は移動する時に周辺に存在するあらゆる岩石をも破壊してその中に取り込む。また氷河の底では接している岩石にひっかき傷を付ける。氷河が融けるとその中に含まれていた礫はもはや運搬されずに氷河の末端に残る。これを氷堆石《ひょうたいせき》という。氷堆石の年代と分布や氷河の底に残されたひっかき傷から過去の氷河の跡を復元することができる。ウェーゲナーは今から四億年ほど前の石炭紀に発生した氷河の跡を調べた。石炭紀の氷河の痕跡の分布はインド、オーストラリア、南アフリカ、南極など広範囲にわたる。このような氷河の痕跡の分布は、いったいどのようにして説明するのであろう。

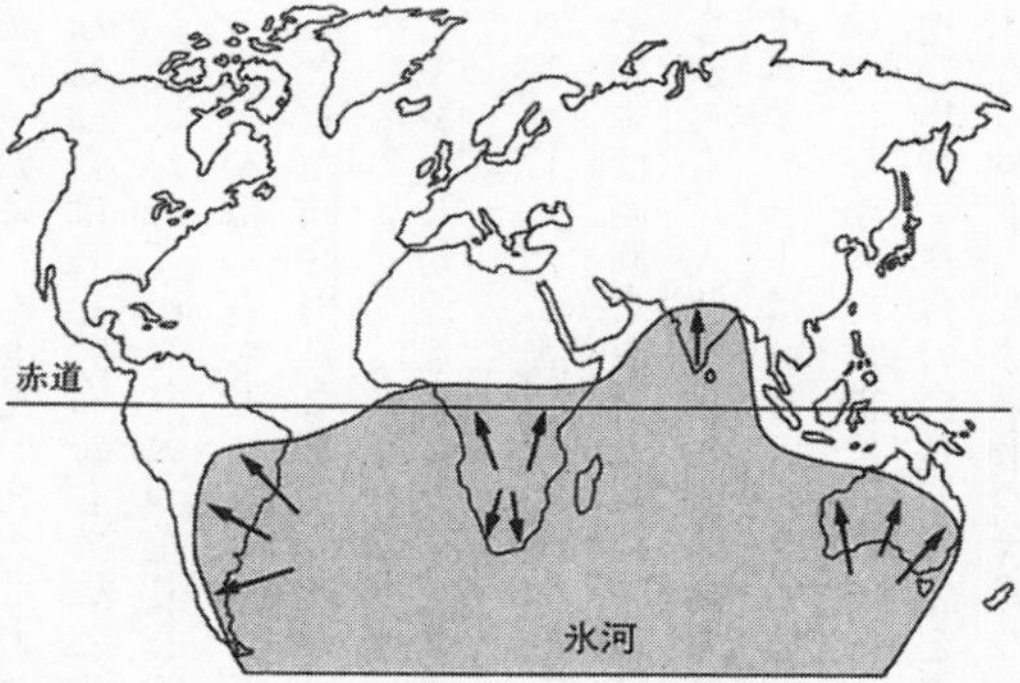

石炭期の氷河の分布は緯度に関わりなく広範囲にわたっている（竹内・上田、1964年による）

石炭や乾燥気候の跡

岩石や堆積物は、それが形成された場所の気候を示すさまざまな証拠を内蔵している。サンゴ礁は水温や水の透明度、水深などの制約があるため、亜熱帯から熱帯の太陽の光のあたる海域に卓越し、岩塩や砂漠は乾燥気候に卓越する。石炭や石油の形成は湿地帯や有機物の分解しにくい条件が必要である。同じ時代にできたこれらの岩石の分布を見ると、やはり地球上のさまざまな地域に散らばっていることがわかる。

現在の地球の気温は赤道を中心にして両極へ温度が下がるような分布をしている。それは太陽の日射量が赤道と極域とでは異なるからである。それにともなって気候帯も赤道に対して対称的に分布している。このような気温や気候の分布は過去も同じであったと考えられる。もしそうだとすれば先に見てきた氷河気候や乾燥気候等を示す地層は、なぜばらばらな分布をしているのだろうか。当時の気温や気候の分布は現在と違って赤道に対して出たり入ったりしていたのであろうか。ウェーゲナーは気候を示す地層を大陸をはめ合わせてプロットしてみた。そうすると実に氷河の分布は南極大陸を中心とした同心円になるし、乾燥気候は赤道に対して対称になる。何と明快ではないか。

マントル対流を考えたアーサー・ホームズ

ウェーゲナーはこのようなさまざまな証拠を引っ提げて「大陸移動説」を提唱し、その本は四回も改訂された。当時の地球物理の研究者は彼の考えを魅力的だとは思いながらも、大陸を動かす原動力に疑問を抱き、ウェーゲナーに説明を求めた。しかしウェーゲナーはいろいろな力を考えたが、どれも多くの地球物理学者を説得し得るものではなかった。彼は一九二九年にアメリカのオクラホマ州タルサで行なわれた全米地球物理学連合の会議でも説を主張したが、納得してもらえなかった。

その翌年、彼は年来の研究のためグリーンランドへ調査に出かけ帰らぬ人となったのである。こうして「大陸移動説」はウェーゲナーの死とともに滅び去ったかに見え

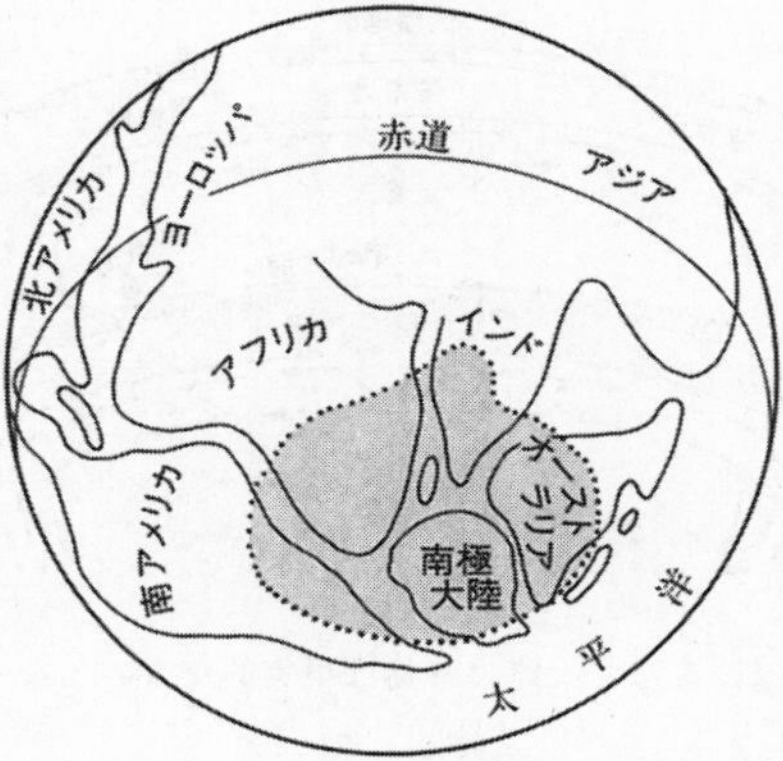

南極を中心とした古大陸を想定すると氷河や石炭・石油の分布はきれいにあてはまる（竹内・上田、1964年による）

た。

地球物理学者の中でただ一人、ウェーゲナーの考えを支持していたのが、イギリスはエジンバラ大学のアーサー・ホームズ（一八九〇―一九六五）であった。

彼は地球内部のマントルは温度が高くここで対流が起こっており、対流の湧き出し口には地下から物質が上がってきて、沈み込み口では逆に物質が地球の内部に沈み込むであろう、その対流に乗って大陸が受動的に移動するのではないかと考え、彼の著書『一般地質学原理』に書いている。後にこのモデルが生きてくるのである。

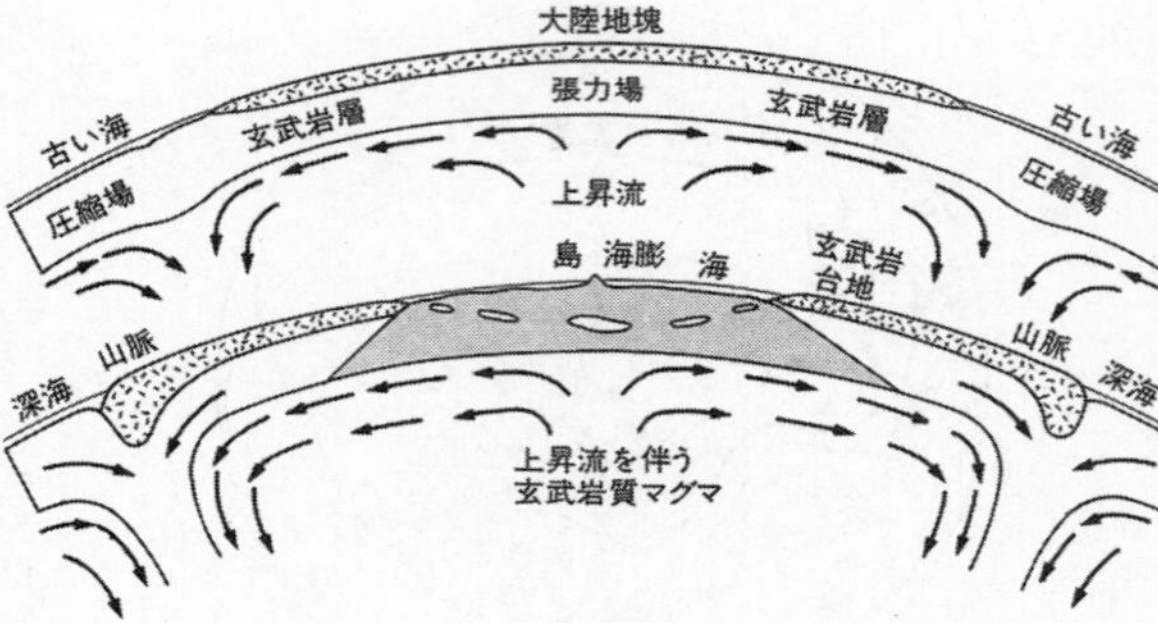

マントル対流によって大陸の移動は現実的なものとなった（Holms, 1929による）

移動する磁極

この頃、地球の磁場に関する研究が特にイギリスを中心に盛んに行なわれていた。地磁気に関する問題には二つの側面がある。一つは磁極の移動である。現在の磁極は北極と南極の二つがあるが、この位置が地質時代とともに移動することがわかっている。

地磁気の原因は地球内部の核にあるが、特に深さ二九〇〇—五一〇〇kmにある外核は、流体でできているらしいことが地震波の研究からわかっている。つまり横波が通らないのだ（水などの液体、広く流体は横波を通さない性質がある）。また地球の質量から外核がニッケルや鉄の合金からできていることも指摘されている。地球の自転にともなってこの粘性の大きい流体も移動回転するが、外核に発電作用（ダイナモ）が形成されることが指摘されている。

極の移動は岩石に残された磁気の性質から求められ、岩石の年代はその中に含まれるアルゴンから求めることができる。また、岩石、特にマグマからゆっくり冷える火山岩は大なり小なり構成鉱物として磁鉄鉱を含んでいるが、磁鉄鉱はマグマから晶出して結晶になる際に、そのときの磁場を記憶する性質がある。結晶になる温度は通常は五七〇度くらいで、これを発見者にちなんでキューリー点と呼んでいる。ヨーロッパ大陸のさまざまな時代の岩石から、磁北極の位置を決めてゆくときれいな一本の軌跡が描かれる。これは極移動の軌跡である。ところがアメリカ大陸からも同様にさまざまな時代の磁極の位置を決めてやることができる。ヨーロッパで決めた軌跡とアメリカで決めた軌跡は互いに異なって見える。さて困った。

地球の外側には磁気圏が発達している。それは磁力線が南極から北極に流れているからで、オーロラの原因である。磁石の成分には三成分あるが、それらは水平二方向と鉛直成分だ。鉛直成分は地球の中心に向かう力となるが、おおむねその緯度に近い角度になる。このことから過去の岩石の磁気的な性質から、その岩石を含む岩帯がおよそどのくらいの緯度の場所にあったかを知ることができる。これを古地磁気学と言っている。地球の磁場は岩石中に残っているが、特にマグマから形成された火山岩は、その中に磁鉄鉱を含んでいるために磁気的な強度が強く研究しやすい面を持っている。

インドは南極から離れてユーラシア大陸にぶつかった

一九五〇年代にイギリスの古地磁気の研究者はインド西部のデカン高原を研究していた。かつてイギリスはインドを植民地としていたため、多くの研究者がインドを研究していた。岩石の磁気を研究しているグループは、デカン高原の玄武岩の古地磁気に目を付けた。ここでは白亜紀以降の地層に一〇〇枚以上の溶岩が存在することが知られており、それらの地磁気が測定された。この結果、古い時代の鉛直成分はマイナスの成分を持つことがわかった。すなわち南半球を示していた。また、現在に近いものも今よりは低い緯度を示していた。

極の移動の軌跡がアメリカとヨーロッパで異なることと、インドのデカン高原の玄武岩の磁気伏角の問題は大陸を動かすことによって簡単に解決する。実際、驚くべきことにヨーロッパとアメリカの極移動の軌跡は、ウェーゲナーの提唱する大陸移動説にしたがって大西洋を閉じるように大陸を動かしてみるとぴったりと一致することがわかった。またインドのデカン高原で観測された伏角の観測値はインドを現在の南極大陸の位置から切り離して、少しずつ北へ移動させればきれいに説明できるのである。

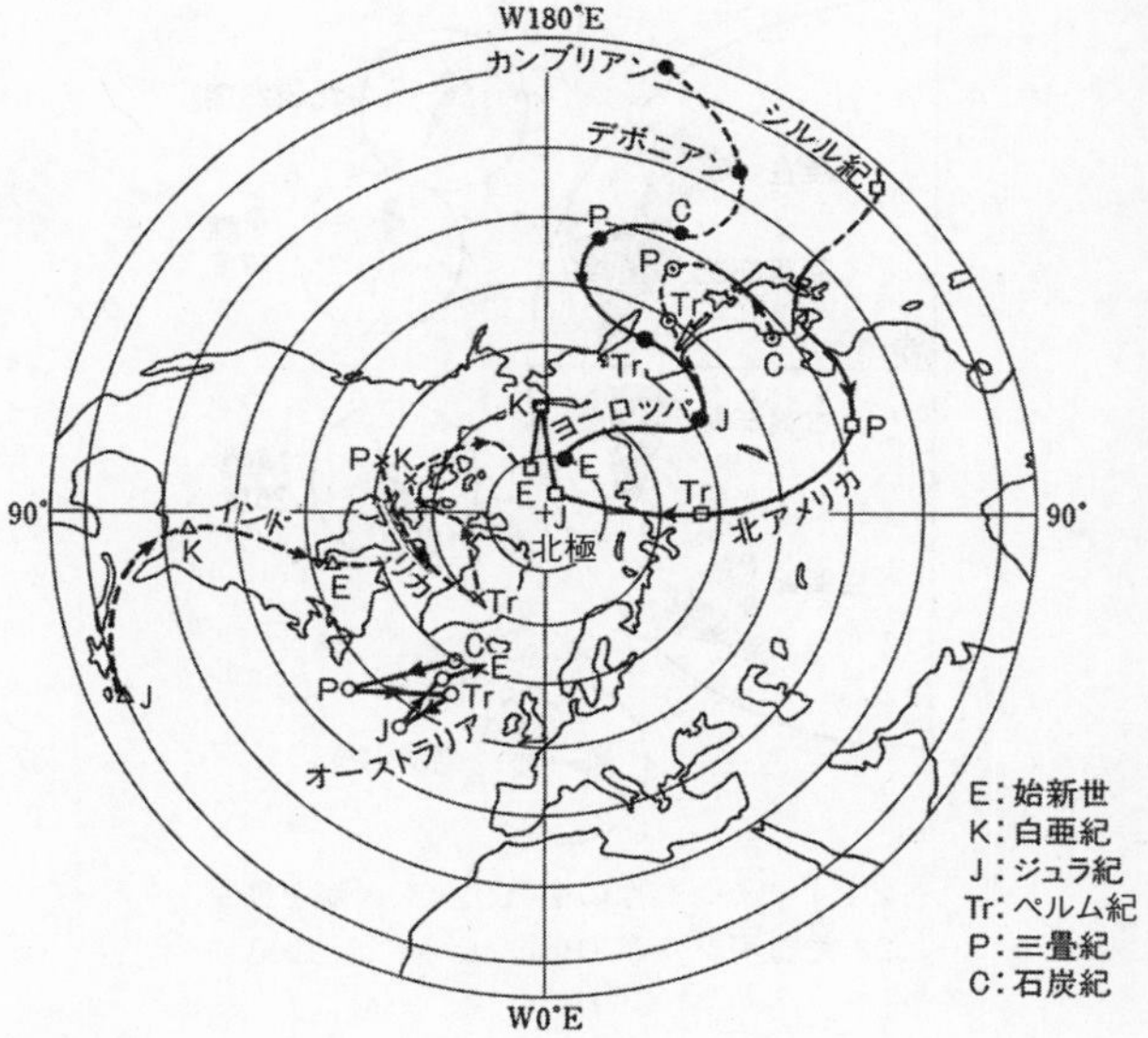

極の移動経路図。アメリカとヨーロッパで二本の曲線となるが、超大陸を想定すると合致する（Holms, 1978による）

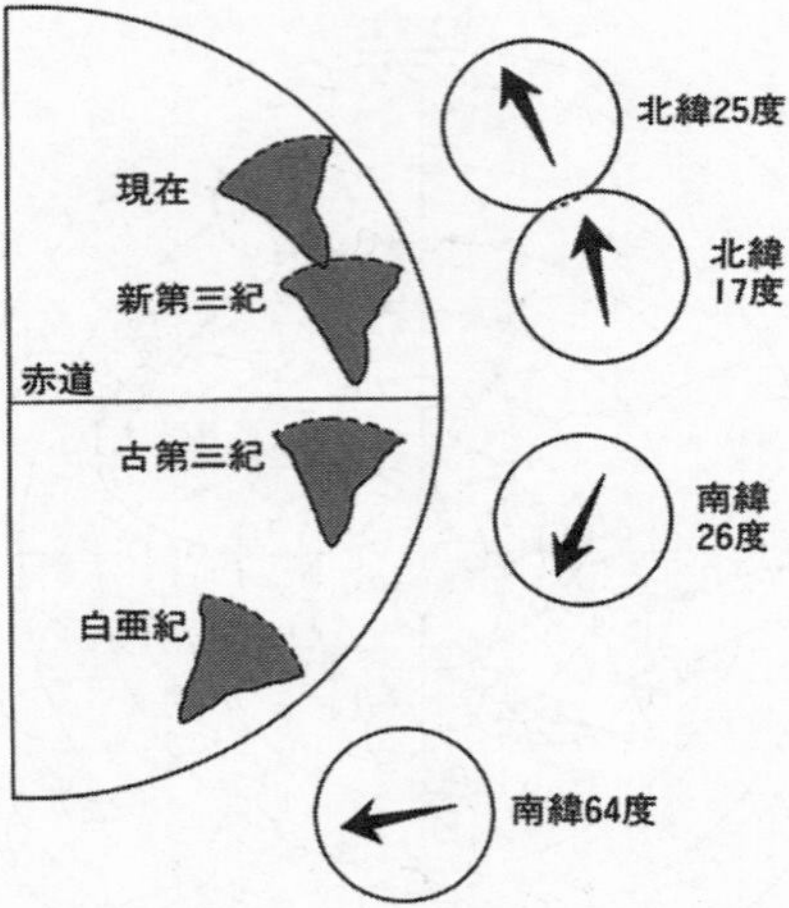

インド・デカン高原の磁気伏角も大陸を動かすことで説明がつく（Blackett, et al, 1960による）

イギリスの古地磁気研究者はアーサー・ホームズの書いた地球科学の教科書を使って勉強していたのである。

大陸移動説の劇的な復活

ここでついに魅力的な大陸移動説は、ウェーゲナーの死後二〇年ほどたってにわかに復活したのである。地球は南北二つの極を持つ双極子磁場を形成する。このことは疑う余地はない。ところがもし大陸移動を受け入れないとするならば、地磁気に見られた観測結果をどのように説明したらよいのであろうか？

多極磁場、単極磁場など双極子以外の磁場を仮定すれば、あるいは説明できるかもしれないが、地球がその形成の当時から現在見られるような三層構造を持っていたとすれば、また地磁気の成因が核、特に外核にあるとすれば、ほとんど一義的に双極子磁場以外に説明しようがない。すなわち大陸は移動しなければならないのである。

海底の大山脈、中央海嶺の発見

一九五〇年代は地磁気の研究の他に海底の研究にも目覚ましい発見があった。最も顕著な発見は大西洋中央海嶺の発見である。ブルース・ヒーゼン（一九二四—七七）とメアリー・サープら共同研究者たちは海底の地形を調査していた。これは海底に数多くの海底電線を敷設するために、詳しい海底地形の調査が必要であったからである。海底の研究があまり進んでいなかった頃、海の深さは海岸線から遠ざかるほど深くなると考えられていた。また深海底は海洋の創世以来、まったくいかなる変動も受けていない（海洋底恒久説）と考えられていた。しかし、これらのことが根底から覆される事件が起こったのである。

第二次世界大戦で開発された音響測定システムを船底に設置して海の深さの測定が始められた。音波は一秒間に一五〇〇m進む。船底から音を出してその音が一秒後にキャッチできたとすると、音は海底で反射して戻ってきているので一秒間に往復一五〇〇m、すなわち水深はその半分の七五〇mである。これを繰り返して連続的な海の深さの断面が得られる。ヒーゼンやサープたちはまず北大西洋を横断する方向で水深を求めた。海の深さは確かに海岸線から離れると深くなるが、大西洋の真中あたりにくるとだんだん浅くなってくることに気が付いた。そして一番浅い部分を通るとまた深くなり、ヨーロッパに近づくとまた浅くなることがわかった。すなわち海底は大西洋の真中で浅くそれが対称になっていること、大西洋の真中に比高二〇〇〇m以上の山があり、その真中に深い谷（中軸谷）のあることを発見したのである。

深海の研究から生まれた地球詩

ハモンド・ヘス（一九〇六―六九）は岩石学者で東京大学の久野久と同様に輝石の研究を行なっていた。彼は米国ミネソタ州スティルウォーターの貫入岩の研究を行ない、マグマが冷却する時どの鉱物から順番に晶出するのかを研究していた。また彼は潜水艦や軍艦に乗って海底の重力の測定を行なったり、マリアナの地形の研究などをしていた。頭の平らな海山、ギヨーを発見したのも彼であった。

海軍出身のロバート・ディーツ（一九一四―九五）は、フルブライトの交流研究者として一九五〇年代に日本の水路部にもきている。彼はカナダの有名なサドバリー鉱山が、彗星の衝突によってできたマグマの産物であること、ハワイ—天皇海山列の提案等を行なっている。私が東京大学の海洋研究所の助手をしていた時に研究所にも一年間滞在していた。

彼はヘスとほとんど時を同じくして海洋底の拡大を唱える。これはホームズのマントル対流と基本は同じであるが、海洋底は海嶺で常に更新されることを提案している。海底は海嶺で新しく生まれ、生まれた分だけ海溝でなくなるというきわめて単純な考えで「海洋底拡大説」と呼ばれている。

ヘスもディーツもともに海嶺で新しい海洋底が形成され、海溝でそれらが地球の内部へと帰ってゆく、したがって海洋は常に更新されており、古い海底は存在しないことを提案している。特にヘスは、こんな夢のような話が科学的な論文にはならないだろうと思って自分の論文に地球詩という副題を冠している。

海嶺はテープレコーダー？

「海洋底拡大説」が提唱されてまもなく、海嶺に対称に分布する地磁気の正逆の異常のパタンを説明する試みがなされた。中央海嶺は玄武岩でできている。これは輝石や

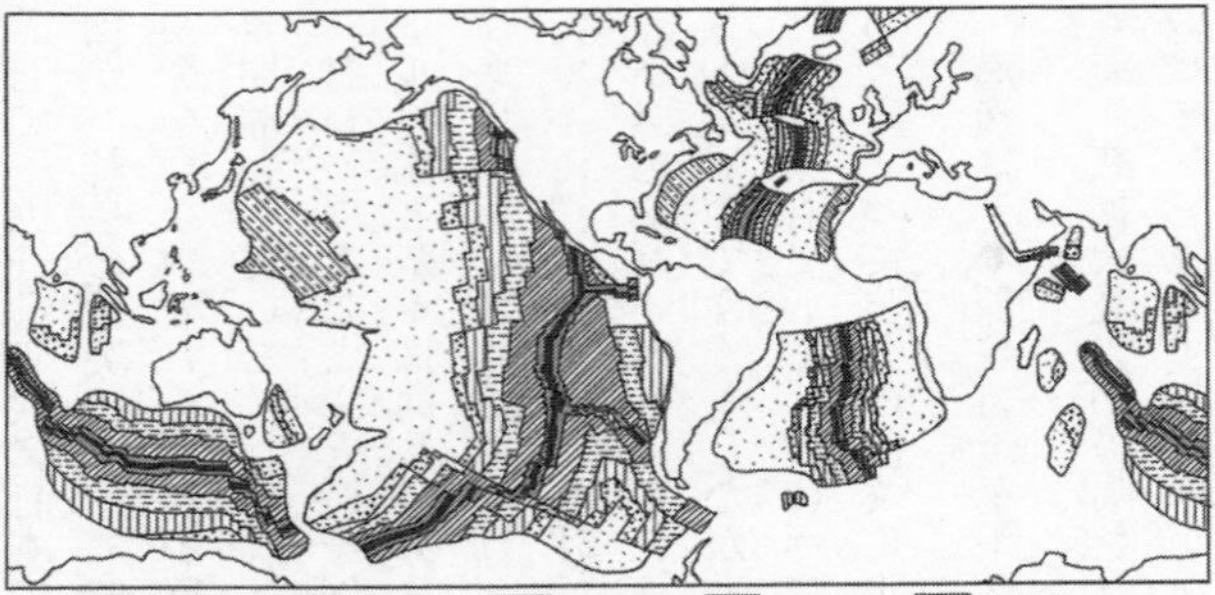

海底の年代図。海底拡大軸に近いほど若く、プレートの沈み込む大陸周辺ほど古い（Pitman, Larson & Herrom, 1974 による）

長石の他に磁鉄鉱という鉱物を含む岩石である。磁鉄鉱の持つ磁気的な性質についてはすでに述べた。

海嶺で現在、形成されている玄武岩は現在の地球の磁場と同じ方向に帯磁するが、七〇万年より古い玄武岩は逆の方向に帯磁している。海嶺がテープレコーダーのヘッドで拡大する海洋底がテープだとすれば、地磁気の縞模様はきれいに説明できるのである。ヴァインとマシューズの説であった（一九六三年）。この説の後に、海底の年代が地磁気の縞模様の解析によって次々と決められていった。そして海洋底には、今から一億六〇〇〇万年より古いものは存在しないことが明らかになった。海洋底の拡大は同時に古い海底を地球の内部へと持ち込むためである。

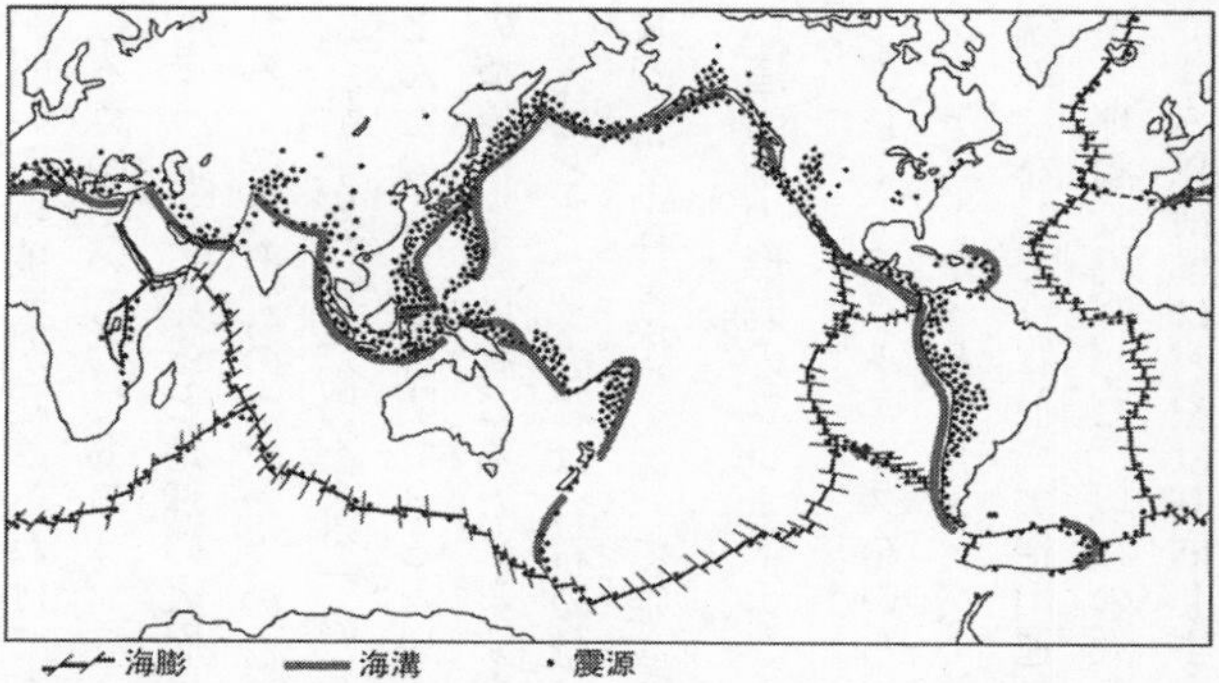

世界の震源分布図。プレートの境界が地震の起こりやすいところとなっている（Homblin, 1992による）

プレートテクトニクスの提唱

ジェイソン・モルガン、ザビエル・ルピシヨン、ダン・マッケンジーなどの若いアメリカの地球物理研究者は、一九六七年頃に世界の地震の起こり方に着目した。地震は発生する場所が決まっている。海嶺と断裂帯と海溝である。地震には六〇㎞より浅いところで起こる浅発地震、三〇〇㎞より深いところで発生する深発地震がある。これらを地図の上にプロットすると次のようなことに気が付くであろう。地球上のさまざまな地域を地震の起こるところと起こらないところとに区分することができる。つまり地球は地震の起こる地域によって起こらない地域が囲まれてしまうのである。地震が起こるのは地殻やマントルが弱いから破壊が起こるわけである。地震の起こらないところは言わば剛体のように振る舞っているのであろう。

そう思って見ると地球の表層は約一〇個の堅い、剛体的に振る舞うブロックに分かれる。それぞれのブロックのことをプレートと呼ぶ。プレートの境界には「離れる」、「すれちがう」、「衝突する」の三種類あり、これらの相互作用によって地球科学のほとんどの現象が説明できるというのがプレートテクトニクスである。プレートの平面の境界は地震の起こるところすなわち、海嶺、断裂帯、海溝である。では鉛直方向の境界はどこか。それは岩石の融けはじめるところ、すなわち岩石の固相線（液体と固体の境界条件を決める線）で定義できる。

造山帯の形成のプレートテクトニクス・モデル

プレートテクトニクスをいち早く山脈や造山運動に結びつけて議論したのは、ジョン・デューウィとジョン・バードであった。一九七〇年から彼らはたくさんの文献を読みこなしてカレドニア造山運動を整理し、その造山運動の過程をプレートテクトニクス理論で説明した。現在の大西洋は二億年程前には存在しなかったが、パンゲアができる以前には、やはり同じような海があったと述べている。その海は後にイアペータス海と名付けられた。そしてその海が収束してカレドニアやアパラチア山脈を形成したと提唱した。彼らはプレートの沈み込みによる海の縮小とその結果起こる褶曲によってできる「コルディレラタイプ」とプレート同士が衝突してできる「衝突タイプ」の山脈を提唱している。またプレートが陸にのし上がる現象「オブダクション」をも提案している。この考えは私のような地質学教室の大学院生であった若者には驚天動地の考えであったが、やはり若いだけにすぐに取り入れてしまった。

日本でこの種の議論がなされたのは上田誠也・松田時彦による太平洋型造山運動の論文が最初であった。しかし日本の地質学者の間にはプレートテクトニクス説はなかなか浸透しなかった。その理由は地域の地質を説明するのに、いちいち大上段にプレートテクトニクス理論などを持ち込む必要がなかったからである。

海洋地殻の化石、オフィオライト

カリフォルニアのフランシスカン変成岩を研究していた米国地質調査所のロバート・コールマンは世界中の変成岩帯（岩石が形成された時の温度、圧力などの条件が変化したために化学反応が起こって別の安定した鉱物の組み合わせの岩石になったものを変成岩という）の中に過去の海洋地殻が潜り込んでいることに気が付いた。その根拠はそ

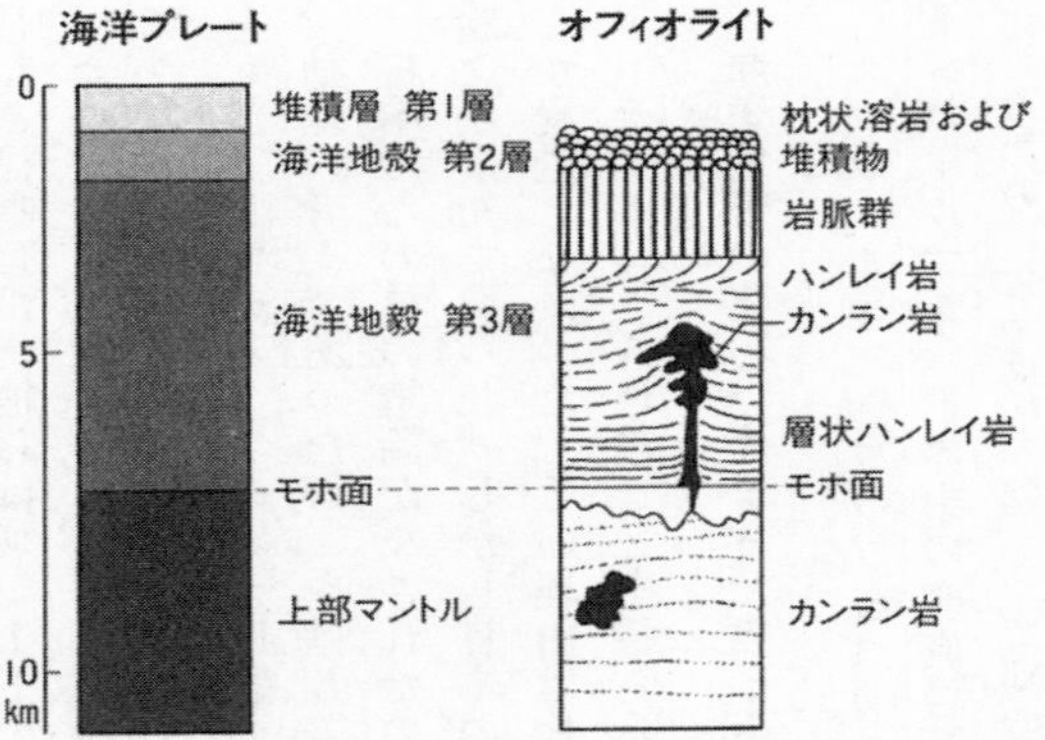

海洋プレートの断面とオフィオライト断面（Nicolas, 1990 による）

れらの岩帯の中にある玄武岩の化学組成が中央海嶺の玄武岩の組成にきわめて類似していることであった。十九世紀の終わり頃、アルプス山脈の中に奇妙な岩石が出ることにロッティが気が付いた。それをオフィオライトと名付けた。その後オフィオライトは、シュタインマンによって超塩基性岩、玄武岩、海洋性の堆積物の組み合わせによって定義された。もともと岩石は鉱物の組み合わせについて名付けられる。たとえば玄武岩とは輝石、カンラン石、斜長石からなる細粒の岩石を言う。ところがオフィオライトは岩石の組み合わせについて言う。このことのテクトニックな重要性を初めて指摘したのがコールマンであった。当時わかっていた海洋の地震波構造は第一層は堆積物、第二層は玄武岩、第三層はハンレイ岩、そしてモホ面（モホロビチッチ不連続面。地震波の速度の急変する面で卵の殻と白身の境界に相当する）をはさんでマントルというふうに考えられていた。オフィオライトの組み合わせや岩帯の厚さなどから、彼は海洋地殻とマントルが陸にのし上がったものがオフィオライトであると考えた。現在アラビア半島のオマーンや地中海のキプロス島には巨大なオフィオライトが露出している。私も一九九五年の暮れにオマーンを訪問し、世界で最大のオマーン・オフィオライトを目の当たりにしてきた。

洪水玄武岩と巨大火成岩岩石区

大陸移動説が盛んな頃、それとは独立に巨大な火成岩の岩帯のあることがわかっていて研究が行なわれていた。たとえば大西洋をはさんだ両側にはアフリカにはカルードレライトと呼ばれる岩帯、またブラジルにはパラナ岩帯、ニューヨークにはパリセード岩帯などがあった。またインドのデカン高原には地磁気の研究で有名なデカン玄武岩台地が知られていた。これらは大量の玄武岩があふれ出たという意味で洪水玄武岩と呼ばれていた。これらの玄武岩の年代測定が行なわれると、それらが互いに無関係な年代ではなく、きわめて近い年代を示すことがわかった。そしてこのような巨大な火成岩の活動が、何か大きな地球の活動と関係した出来事であると認識されるようになってきた。

白亜紀の大事件――「核の冬」と逆転しない磁場

白亜紀は今から一億三五〇〇万年前から始まって六五〇〇万年前に終わることを覚えてほしい。この白亜紀の終わりには恐竜など多くの爬虫類や他の生物が絶滅した。この原因はいろいろと考えられた。ノーベル物理学賞を受けた物理学者である米国のアルバレスは、自分の息子がこの白亜紀の絶滅を調べていることを知っていた。白亜紀と第三紀の地層の間には、厚さ二cm程の黒い粘土層がはさまっている。メアリー・アニングの住んでいたイギリス南部の海岸には白亜紀のチョークと呼ばれる地層が崖を作っている。彼女はそこから出てくる化石を拾い集めて売っていた。英語の早口言葉 she sells sea shell on the sea shore で有名な彼女は現在イクチオザウルスの名前で呼ばれている骨の化石を見つけた。アルバレスたちの考えは直径一〇kmほどの隕石（彗星）が地球に衝突し、衝突によってできた物質が細かい塵となり、地球の表面を覆って太陽の光をさえぎり「核の冬」のような現象が起こり恐竜が絶滅したというシナリオである。衝突の時には巨大な地震と津波の発生、蒸発した物質が急冷してできたテクタイトと呼ばれるガラス、火災によるススの分布など全地球的に大きな事件が起こったに違いない。

白亜紀の中頃に地磁気の正の縞状異常が長い間続く。つまり磁場の反転がない時代が数百万年続く。そのような時代をスーパークロンと呼んでいる。米国のロジャー・ラーソンたちは、この頃に海嶺の拡大が異常に速く、海嶺にあふれ出たマグマが高い地形を形成し、その上に乗っている海水があふれ出して白亜紀の大海進を引き起こしたと考えた（一九七二年）。海進とは海の水が陸へと上がるため海岸線が内陸へ後退することを言う。この考えはフレンチポリネシアの火成岩や、すでに述べた洪水玄武岩の形成の時期ときわめて近い。そこで白亜紀にはマントルからの巨大な溶融物の上昇、スーパープルームが地表に上がってきて、地球全体に大きな影響を与えたと考えた。マイク・コッフィンたちの考えである。生物の絶滅、海底の無酸素状態、核やマントルでの対流の停止などの大事件である。これらの因果関係が今後の大きな課題である。

地震のトモグラフィー

広域的な地震の観測から地球の内部の地震波（速度）構造が次第に明らかになってきた。地震波の速度が周辺に比べて少し速かったり遅かったりすること、すなわちマントルの中には不均一があることが指摘されてきた。地震波の速度を決める要素には温度や圧力や物質があるが、仮に温度であるとすると地震波の速度が遅いのは周辺の温度が高いことを意味している。このようにして全地球の地震波トモグラフィー（地震波による地球のレントゲン写真）が得られた。一種の断層写真のようなものである。温度の不均一はさまざまな深さに出てくる。たとえば常に拡大している海嶺は確かに温度が高いが、地下二九〇〇㎞になると必ずしも温度は高くはない。フレンチポリネシア地域では地下二九〇〇㎞から全体に温度が高いことがわかっている。このような温度の不均一性はいったいどうしてできるのだろうか。

新しいパラダイム、プルームテクトニクス

プレートテクトニクス理論ではプレートを変形や破壊をしない「剛体」であるとしている。しかし実際にはプレートは変形したり破壊したりする。今までは地球上のかなり多くの事柄がプレートテクトニクスで説明されてきた。しかしプレート自身が変形・破壊したりすることや、プレートを動かすのは何かといった問いに答えるには、新しい地球観が必要である。二十世紀の終わりになってこの新しい地球観が胎動しはじめている。それは「プルームテクトニクス」と呼ばれる新しいパラダイムである。

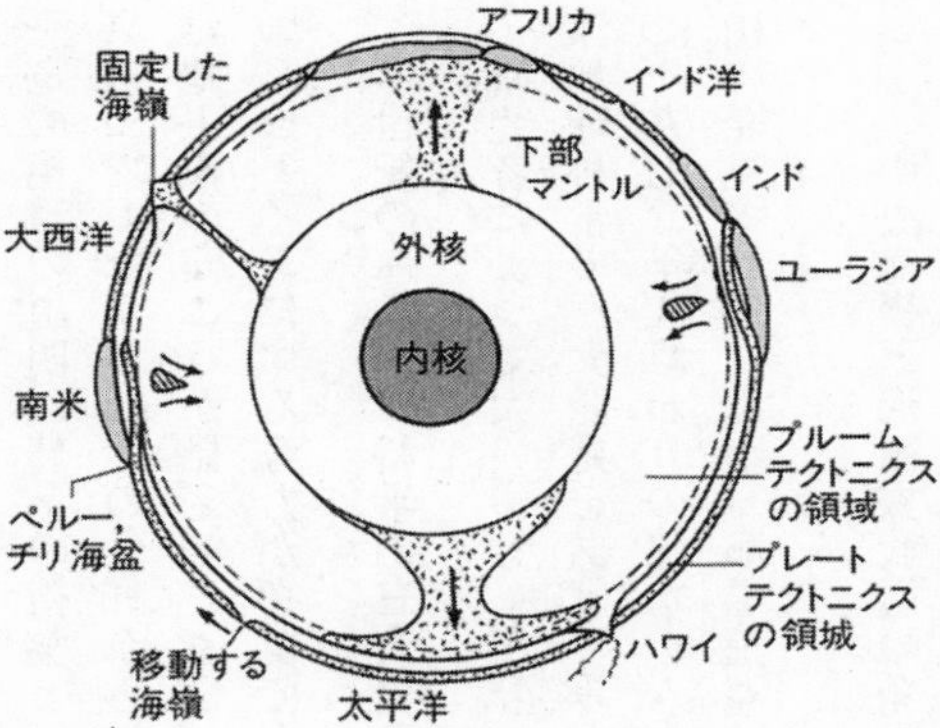

プルームテクトニクス理論によって地球内部から表層までの現象が関連づけられる（丸山茂徳、1993 年による）

これには多くの日本人研究者が先駆的な仕事をしている。

プルームテクトニクスとは、核とマントルの境界付近から高温で軽い、巨大な上昇体「プルーム」が上昇してくる。一方では、海溝から冷たく重たいスラブが地球の内部へと沈み込んでいって、ついには核とマントルの境界まで落ちてゆく。このような温度や密度の違う物質がマントル全体にわたって循環していること、それによって表層のプレートが動くという考えであるが、現在まだ必ずしも定説にはなっていない。しかし、従来のプレートテクトニクスでは説明できなかった海山や海台の成因を見事に説明している。またプレートテクトニクス説では地球の表層一〇〇㎞程度の現象しか扱っていなかったが、プルームテクトニクス説によって核まで含んだ全地球のダイナミクスを扱うことになる。地球科学の大きな変革に天文学の導入があった。たとえば恐竜の絶滅の説明に彗星の衝突という現象を導入したことなどである。このように従来扱っていなかった他の分野からのアプローチはきわめて重要で、今まで見えなかった地平線の向こうが見えてくる。二十一世紀にはこのような考えを検証し、地球科学のパラダイムにする努力が必要である。

今世紀の海洋地球科学の三大発見とは

研究者によって大いに意見が分かれると思うが、私はこの章の最後に二十世紀の海洋地球科学の三大発見をあげてみたい。すなわち(1)一九五〇年代の中央海嶺の発見、(2)一九七〇年代終わりの熱水チムニーの発見、そして(3)一九八〇年代初めの蛇紋岩海山の発見である。以下、順を追ってやや詳しく見てゆくこととしよう。

(1) 中央海嶺と海嶺玄武岩の発見

まず何といっても中央海嶺の発見であろう。これは本章の初めに触れてある。海洋底拡大説のもとになった。この考えが提出された直後に海嶺の玄武岩の分析を行なっていたエンゲルたちは、中央海嶺の玄武岩の化学組成が互いに遠く隔たった場所の試料であるにもかかわらずきわめてよく一致しており、その成分の領域がきわめて狭いことに気が付いた。またこれらの玄武岩の希土類元素のパターンがある種の隕石の化学組成と似ていることに気が付いた。彼らはこのような玄武岩を中央海嶺玄武岩と名付けた。

（2）熱水チムニーの発見

一九七七年、ダーウィンゆかりの島、ガラパゴス諸島の北にある拡大軸ガラパゴス海嶺でのことである。アメリカの潜水調査船「アルビン」は、海底に直立する煙突のような構築物からお湯が湧き出し、その周辺におびただしい生物が群がっている光景に出くわした。この温泉水から、そのもとになる熱水の温度は三五〇度と予測された。その後、東太平洋海膨（海底の隆起部）などから次々と熱水チムニーが発見された。私は一九八一年に日本テレビにこのときの記録を見にいった。あまりの光景に息をするのを忘れるくらいであった。またこのときに『日経サイエンス』から『サイエンティフィック・アメリカン』に掲載されたケン・マクドナルドとルエンダイクの「東太平洋海膨の熱水噴出」という論文の翻訳を頼まれた。実にタイムリーであった。ところが私が初めて海底の拡大軸の潜航を行なって熱水チムニーを自分の目で初めて見たのは、それから一三年後の一九九四年のことであった。ともあれこの熱水チムニーの発見は三つの点で革命的であった。

まず生命の誕生の謎に迫ること。つまり太陽のエネルギーに頼らず地球内部のエネルギーによって支えられた生命が海底に存在したことである。生命は今から三五億年前に誕生したと考えられている。当時の高温で硫化水素に充ちた海中は現在の海嶺の熱水地帯ときわめて似通っていたことが指摘されている。また熱水周辺には古細菌(最近ではアーケアと言われている)と呼ばれる、きわめて古くから存在するバクテリアがあることが知られている。

第二番目は熱水チムニーが金属鉱床であることである。陸上には黒鉱などの鉱床があるが、その内いくつかは明らかに海底で、しかも熱水作用でできたものであることがわかっている。今までもその成因についていろいろ考えられてきたが、ついにその形成の現場があらゆる推測を越えて目の前に現われてきたのである。

第三番目には熱水チムニーが固体地球から液体と気体地球への熱やエネルギーの橋渡しをしていることである。マントルでできたマグマは海底に上がってくる。そしてこの運動にともなって熱や物質が大きな循環をする。地球のあらゆる元素が地球の層状構造の中を循環する。特に固体地球と液体である海水、そして気体である大気との間の大きな橋渡しをしているのである。

（3）　蛇紋岩海山の発見

三番目は海溝域での発見である。一九八一年にハワイ大学のドナルド・ハッソンとパトリシア・フライアーは、「カナケオキ号」によってマリアナ海溝の調査を行なっていた。そのとき海溝の軸のすぐ近くに、たくさんの海山のあることがわかった。当時の常識では海山はたいてい玄武岩質マグマによって形成されたもので、マグマは火山フロントより背弧側に存在すると考えられていた。彼らはプレートテクトニクスが間違っているのではないかと思ったそうである。すぐにドレッジを行なって岩石を採集してみると、それは何と蛇紋岩であった。その後、詳しい調査をもとに一九八七年に潜水調査船「アルビン」によって潜航が行なわれた。潜航調査でわかったことは、海山の頂上から八方に流れ下った蛇紋石のフローの存在である。そして頂上付近には白い炭酸塩のチムニーが林立している場所があったのである。このチムニーは熱水ではなくて冷たい水を出していると考えられる。

アルプス山脈でオフィオライトが見つかった話はすでに述べた。実はこの蛇紋岩の中にオフィ・カルサイトと呼ばれる、もと炭酸塩でできた岩石と蛇紋岩が複雑に混ざった岩石が見つかっている。アルプスのような造山帯の形成にこのような蛇紋岩が関与しているらしいことが何人かの研究者によって指摘されている。日本列島にも蛇紋岩帯が多く存在している。これらの蛇紋岩帯の多くがマリアナで発見された蛇紋岩海山であったことを私は指摘した。

第二章

深海から見た東日本列島

——古いプレートの沈み込むところ

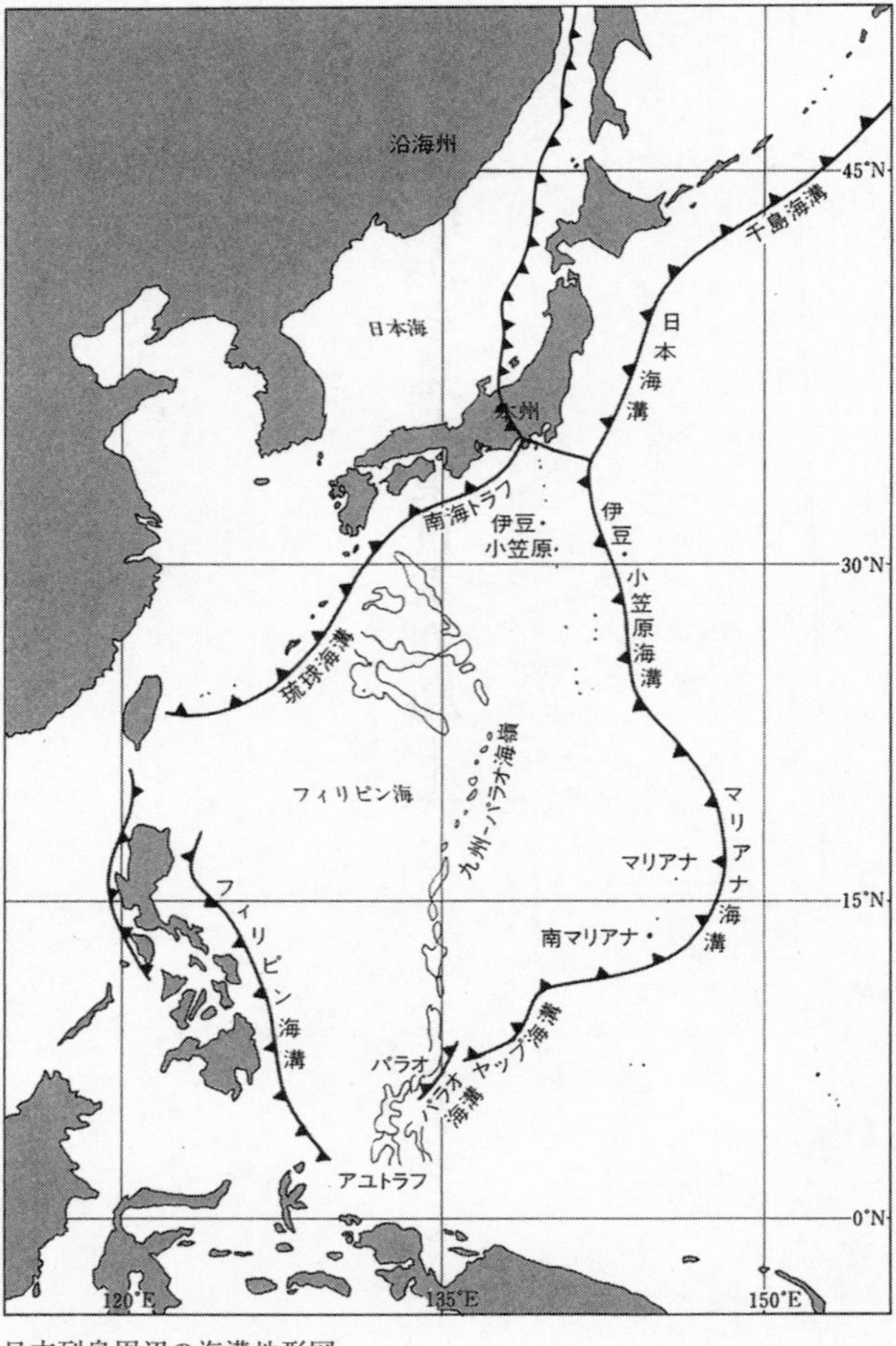

日本列島周辺の海溝地形図

日本列島周辺の年代の違うプレート

第一章で海洋底拡大や地磁気の縞状異常の話をした。海底は地磁気の正逆による縞模様でできている。この模様は岩石の年代測定によって年代に置き換えることができる。今世界の海底の年代を見てみると三つのことが顕著である（六二頁参照）。まず海底は海嶺が新しく、その両側へ向けて年代が対称的に次第に古くなっていること。二番目は海嶺がトランスフォーム断層によって切られていることである。そして最後は海底にはジュラ紀より古いものが存在しないことである。

北西太平洋に目を向けてみよう。日本列島の太平洋側にはすでに述べたように水深が六〇〇〇mを越える細長い溝、海溝が存在する。ここでは今から一億年以上も前の白亜紀に形成された太平洋プレートが、日本列島の下へと沈み込んでいる。太平洋プレートは現在の地球上で最大のプレートである。海溝はプレートの沈み込む境界である。そのため海溝付近のことを「沈み込み帯」とか「沈み込み域」と呼んでいる。その境界は北西太平洋では、北は千島海溝から日本海溝を経て伊豆・小笠原海溝、マリアナ海溝である。

一方、西日本に注目すると相模トラフ、駿河トラフ、南海トラフ、琉球海溝、そし

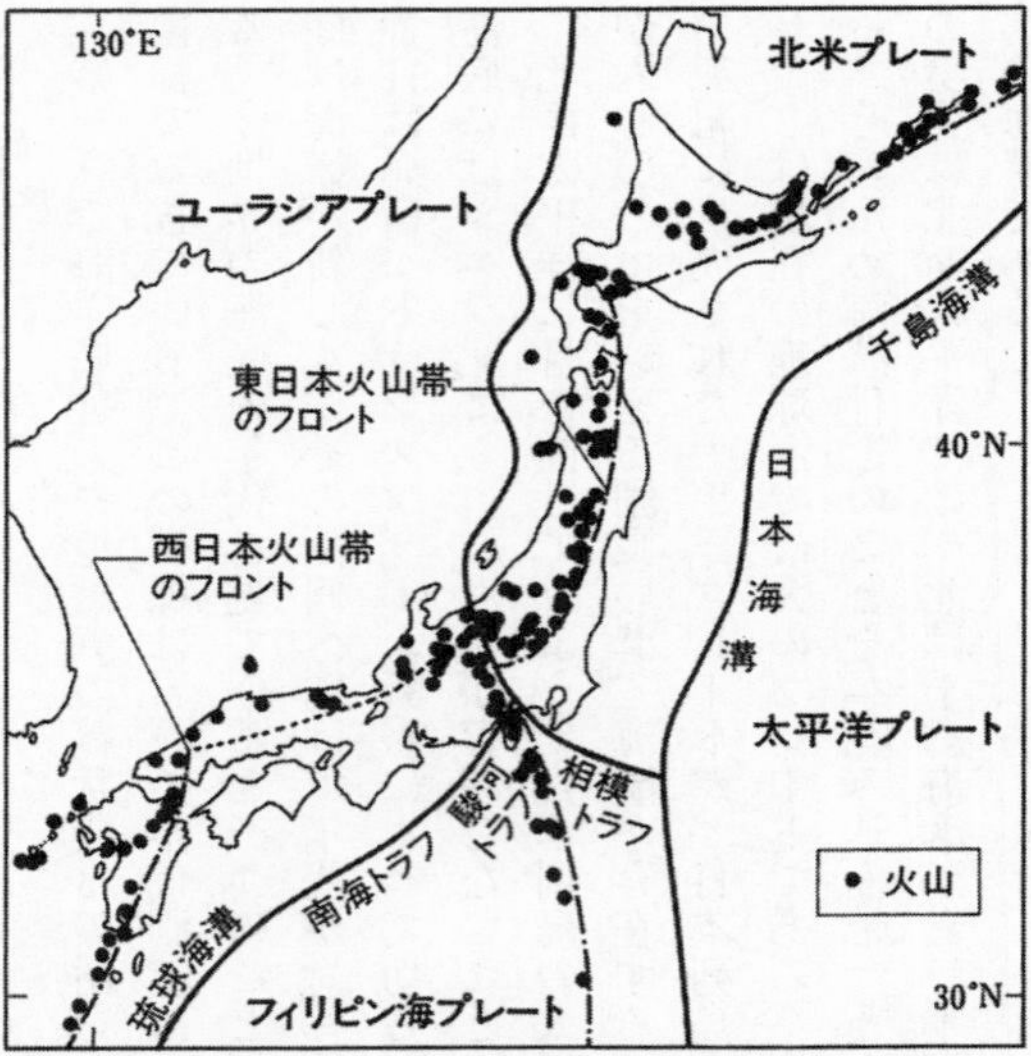

日本列島周辺の火山、火山フロント、およびプレートの境界図（杉村、1978年より）

てフィリピン海溝にはフィリピン海プレートが沈み込んでいる。現在の知識では、フィリピン海プレートはおそらく太平洋プレートの年代の約半分の年齢、第三紀であると思われている。このように年代の違うプレートが沈み込んでいるという事実によって、沈み込み帯を二つに区分することも可能である。今から五〇年ほど前に杉村新氏は日本列島を、東日本島弧系と西日本島弧系に区分すると地球科学現象の違いが顕著に現われることを指摘している。この区分は海洋からの区分ではなく陸からのアプローチであった。深海から見ても東日本と西日本には顕著な地球科学的な違いが認められる。第二章と第三章では年代の違うプレートの境界に起こっている現象を見てみようと思う。海溝に沈み込むプレートの年代が違うと、どのような異なった現象が見られるのかについて考えてみたいと思う。一方では年代が古くて厚く冷たく巨大なプレートが、一方では年代が若く薄く温かい小さなプレートが沈み込むのである。直感的にも何か大きな違いが生じるに違いないことは容易に想像できる。

プレートが沈み込むところ、島弧―海溝系

島弧《とうこ》とは読んで字の如く島が弓なりに並んだものを言う。しかし、たとえばハワイの火山島の列のようなものは島弧とは言わない。島弧は必ず海溝をともなっている。また南米のアンデス山脈などは島とは言えないが、これも陸弧とは言わず島弧と言う。活火山で知られるように、島弧の成長にはマグマが重要な役割を果たしている。島弧のマグマは地下約一一〇㎞で形成され、火山フロントという明瞭な境界を形成する。これは杉村新氏によって提案されたもので、火山が並ぶ海溝側の境界でほとんど見事な一本の直線になる。東北では恐山、八甲田山、岩手山、焼石岳、栗駒山、蔵王山、安達太良山、那須岳、男体山、赤城山、榛名山など地図をよく見るときわめて直線性がよく、それより海溝側には現在は火山は存在しない。

海溝や島弧は、それらがそれぞれ単独で存在するのではなくて必ず相伴って存在している。このことは実はプレートの沈み込みと密接な関係がある。海溝から大陸の方向へ向けていろいろな物理的・化学的な性質が連続的に変化する。それは沈み込むスラブときれいな相関関係を持つ。たとえば地形の変化、重力異常、火山岩の化学組成などは太平洋側から大陸側へ向けて一方的に変化する。このような配列は極性を持つという。この極性はスラブや「和達―ベニオフ帯」（深発地震の震源面）等と関係しており、すべて沈み込むプレートの温度構造に支配されている。図に示した模式的な断面はこれらのことを表現したものである（八三頁）。アリューシャン海溝はアリューシャン列島をともなうし、千島海溝は千島列島を、日本海溝は東北日本弧を、伊豆・小笠原海溝は伊豆・小笠原諸島をというように必ず相伴って存在する。したがって、このような大きな構造を島弧―海溝系と呼ぶのである。

海溝の周辺という意味で「海溝域」という言葉を使う場合がある。海溝域では二つのプレートが接するために変形や破壊が生じる。二つのプレート間での相対的なズレを解消しているところは、「力学境界」と呼ばれている。また海溝は溝なので最終的

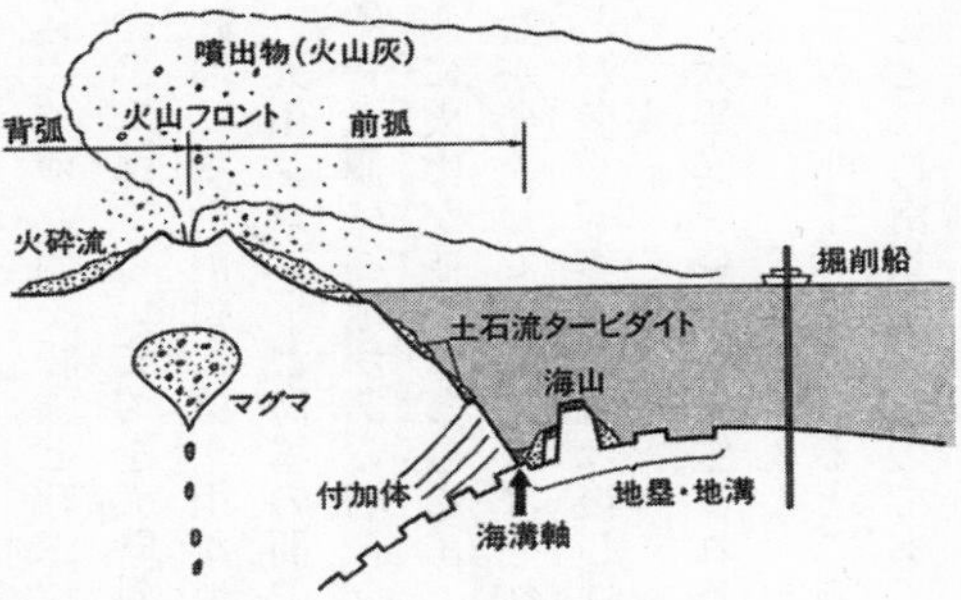

火山フロントから海溝までの模式地形断面図

に陸から運ばれた堆積物が安定的にたまるところであり、そういう意味で「物質境界」と呼ばれている。

物質境界と力学境界とは海溝を微視的に見る場合には重要になってくる。物質境界と力学境界とは必ずしも一致しない。このことは中村一明氏によって初めて指摘されたことである。また海溝域では巨大地震がしばしば起こる。地震は歪みを解放するエネルギーとも言えるが、地震が起こりはじめる地震発生帯が海溝域の地下深部に存在する。海溝域は微視的に表層も地下も含めて細かく区別しないと議論がかみ合わないことがある。

島弧―海溝系の横断地形名

沈み込むプレートに乗って島弧周辺を旅すると、いろいろな地形区分に出くわす。島弧―海溝系では海溝の軸と火山フロントとが地形の大きな区切りとなる。まず海溝軸からプレートのやって来た側の斜面のことを海溝の海側斜面と言う。海溝軸と火山フロントとの間を前弧、火山フロントより陸側あるいはプレートの沈み込んでゆく側を背弧と呼ぶ。陸側斜面は水深の浅い二〇〇mくらいまでを大陸棚、三〇〇〇mくらいまでを大陸斜面と呼び、それより深い海溝へ向かう斜面を海溝斜面と呼ぶ。また前弧には平坦な地形が発達しているが、これらを深海平坦面と呼んでいる。

火山フロントと海溝の間には古い隆起体が存在することがある。火山フロントのすぐ背弧側に凹地がある場合、背弧凹地とか背弧リフトと呼ぶ。リフトからさらに背弧側に火山が並ぶこともある。そのような場合には島弧を二重弧と呼ぶ。また背弧に海盆が発達している時にはそれを背弧海盆と呼ぶ。一般的にはこれらの地形名を使うことが多く、本書でも今後しばしば出てくる。

太平洋プレートの生まれるところ

プレートの生まれるところは海嶺であると述べた。また地図を広げよう。太平洋にはどこに海嶺があるのであろうか？　地図を見ると日本列島の近辺には太平洋プレートが生まれているところはなく、ずっと東の南米の沖にあることがわかる。実に日本海溝から一万二〇〇〇㎞も隔たっている。プレートが平均して一年間に一〇㎝移動し

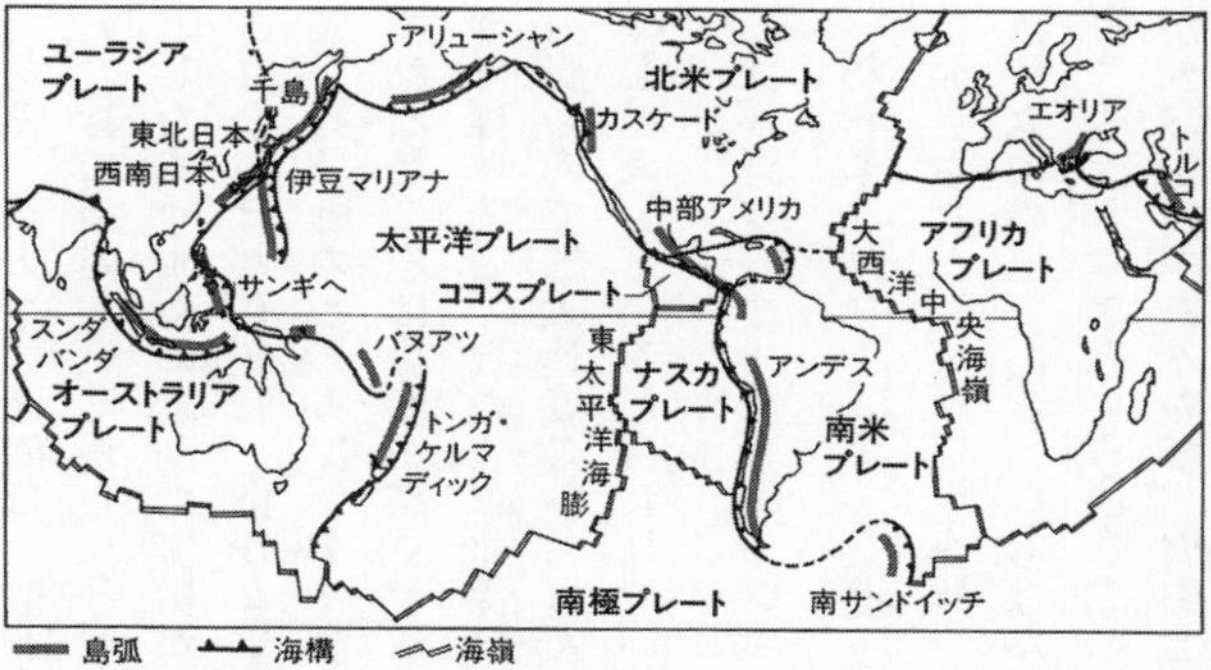

世界の主要なプレートと島弧—海溝系の分布図（巽、1995年による）

ているとしても、今、拡大してできたプレートが日本海溝に沈み込むのは実に一億二〇〇〇万年後のことになる。実際、日本海溝には今から一億六〇〇〇万年から一億一〇〇〇万年前に形成された海洋地殻あるいはプレートが押し寄せてきている。

大西洋の真中を通る大西洋中央海嶺はアフリカをまわりインド洋、オーストラリアの南をまわって太平洋に入る。イースター島やガラパゴス諸島の近くに東太平洋海膨が走っている。正確にはエルタニン断裂帯より北を東太平洋海膨と呼んでいる。これが太平洋の海嶺であるが海嶺と呼ばないのは、昔、海底地形調査が行なわれた頃、東太平洋海膨には大西洋中央海嶺に見られるような中軸谷は見あたらず膨らんだ地形をしていたため、そのように呼ばれているからである。東太平洋海膨は一般的には直線性がよく断裂帯は大西洋ほど多くは存在しない。特に南緯一三度から二〇度の間の東太平洋海膨では水深二六〇〇mくらいを頂点としたまっすぐに延びた海嶺が存在する。この海嶺の軸に沿って熱水チムニーが数えきれないほど存在し、奇妙な生物群集が形成されている。また海嶺の延びる方向の海底下約一kmのところにマグマ溜まりが存在することが指摘されている。プレートの生まれるところは温度が高く、活発なマグマ・熱水活動が起こっている。しかし拡大軸から離れると、とたんに水深は深くなり熱水もマグマの活動も少なくなる。東太平洋海膨の内で拡大速度のいちばん速いところは南緯一八度付近にあって、一年間に一六cmも拡大していると言われている。

太平洋プレートのホットスポット――ハワイの島々

太平洋の真中にはハワイ諸島が存在する。キャプテン・クックによって一七七八年に発見された（実際には先住民とマーケサスから渡ってきたポリネシア人がいた）この島は活火山の島である。いちばん新しいハワイ島は直径が八〇kmもある。マウナ・ケアやマウナ・ロアという四〇〇〇mを越える玄武岩の山がそびえる。周辺の海底の深さが五〇〇〇mあるので、火山としては九kmの比高を持つ地球上で最大の火山である。

海底に開いた亀裂（堀田宏撮影　©JAMSTEC）

ハワイの火山島は北西の方向へとつながる。ハワイ諸島の地形や火山の活動等をハワイ島から北西方向に見てゆくと、きわめて規則正しい変化をしていることがわかる。

まずいちばん南東の端にある最も若くて大きい島がハワイ島である。ハワイ島そのものでも現在活動しているキラウエアは山が高く溶岩が頻繁に流れ出している。草も木も生えないごつごつした真黒な大地は、まだ生まれたばかりの地球の表面のように見える。しかし島の北西の端のほうへ行くと侵食や植生によって地形はなだらかである。一つ島を離れるとそこはマウイ島である。ここにはハレアカラという巨大な成層火山がそびえているが活動はしていない。もっと飛んでオアフ島に行くとダイヤモンド・ヘッドで名高いワイキキ海岸などがあるが、ここでは完全に火山活動はなくカルデラは侵食によって壊されている。これより北西に行くとカウアイ島やニイハウ島がある。島は小さく地形はかなり低く侵食が進んでいる。

さらに行くともはや島は存在しない。海底に沈んでいるからである。海底には延々と海底火山が並んでいる。ニイハウから北緯三二度付近までは、海山は実は西北西に並んでいる。ここからは今度は北北西に向きを変えて海底火山が並んでいる。これはディーツによって天皇海山列と名付けられた。ハワイ―天皇海山列がどのようにして形成されたのかを、初めて明快に説明したのはメナードであった。彼はハワイなどの巨大な火山の列に着目し、これらがプレートの一番深部よりさらに深いところからのマグマの供給によって形成されたと考えた。プレートはこのマグマの上を通過している時に火山を作るが、マグマの部分を通過してしまうとマグマの活動をもはや受けない。逆にこれらの火山の並びは、過去のプレート運動の軌跡を表わしているという考えになる。そしてマグマが常に発生している場所をホットスポットと呼んだ。

太平洋プレートの沈み込むところでは何が起こっているのか

一億年もの長い長い旅行を終えた太平洋プレートは、やがて地球の内部へと戻ってゆく。地球上で一番大きい太平洋プレートの沈み込むところは、北からアリューシャン海溝、千島海溝、日本海溝、伊豆・小笠原海溝、マリアナ海溝、ニュージーランドの北のトンガ海溝、ケルマデック海溝である。いずれも拡大軸から離れておりその年代は古い。この章の初めに述べた島弧―海溝系がプレートの沈み込むところに相当する。ここでは日本海溝、伊豆・小笠原海溝そしてマリアナ海溝に起こっている変動現象について見てゆく。

一九九二年、三陸沖の日本海溝に潜る

私は今、三陸地方の宮古の沖、六二〇〇mの海底を観察している。ここでは一九九一年、海底に亀裂が発見されている。精密な位置測定手法を使わずに潜水調査船が海底の同じ場所へ潜るのは、「しんかい六五〇〇」が研究に使われだしてから初めてのことであった。果たして同じ場所へたどりつけるかどうかは一つの賭けであった。しかし、周辺の地形や水深がよく頭に入っているので、私たちは地形をたどって難なく亀裂を確認した。亀裂を見つけた後は北上して亀裂がなくなるところまでそれを追跡し、今度また来る時のためにマーカーを設置した。その後は逆に南へと向かった。亀

裂の中に「あるもの」を探すためであった。

一九九一年七月一三日、堀田宏氏（海洋科学技術センター）は、一九三三年の三陸地震の起こったと考えられる地点に潜っていた。六〇〇〇m級の潜水調査船を作る話が出た時に、あと五〇〇m深く潜ることができれば、巨大地震の痕跡を直接観察できるということで「しんかい六五〇〇」になったと聞いている。この潜航の目的はまさにそこにあったのだ。堀田氏は果たして潜水調査船の観察窓から、前方にぱっくりと口を開いた海底の裂け目を発見したのであった。小川勇二郎氏（筑波大学）は、その裂け目の中にとんでもないものが転がっているのを発見した。最初に奇声を上げたパイロットたちは人間の生首だと思ったそうである。小川氏は地質学者らしく周辺の地層をこと細かに観察していて、パイロットたちより一呼吸遅れて驚いている。よく見ると、それはどうやらマネキンの頭であるらしいことがわかった。しかし、よりによってこんなところにマネキンの頭だけがあるなんて……。この変なものはテレビ番組にも登場した。しかしこんなマネキンの首が、六〇〇〇mの深海底の一年間の変化の様子を知る手がかりを与えてくれることになる。深海底は実際には私たちの想像を越えて相当に活動的だったのである。

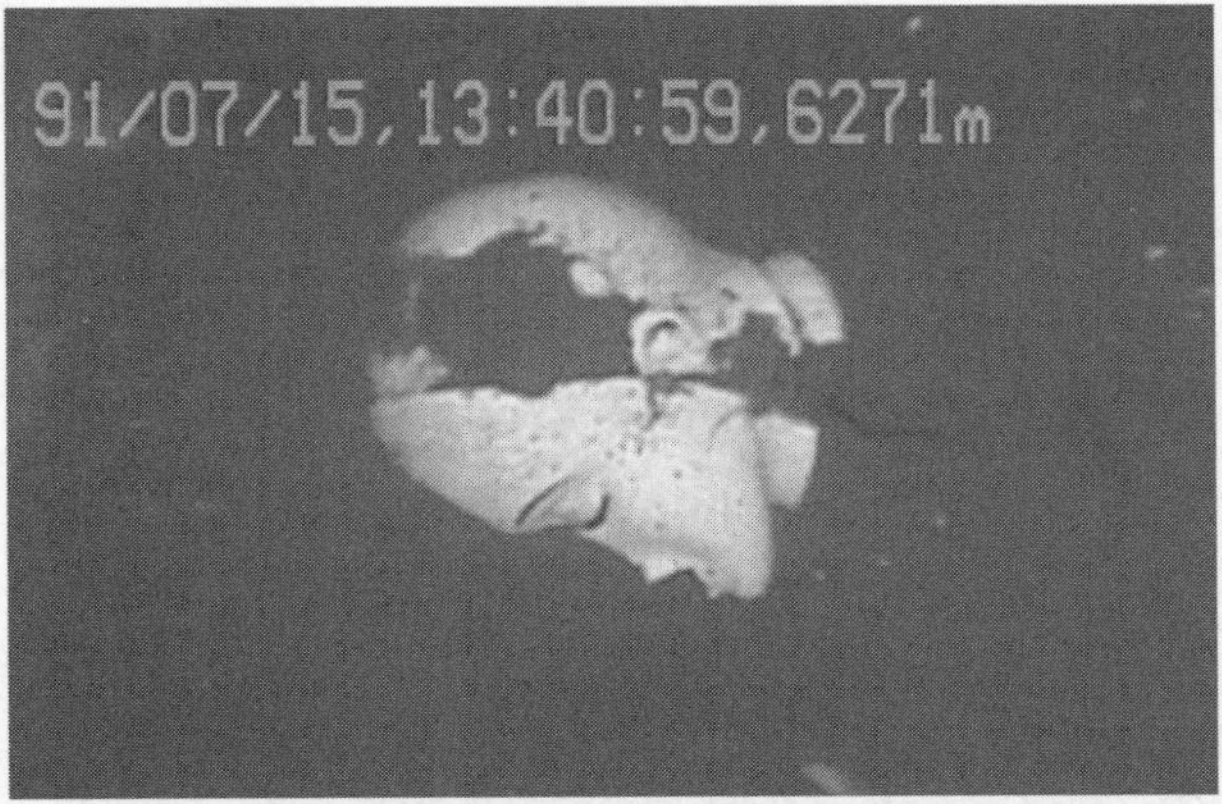

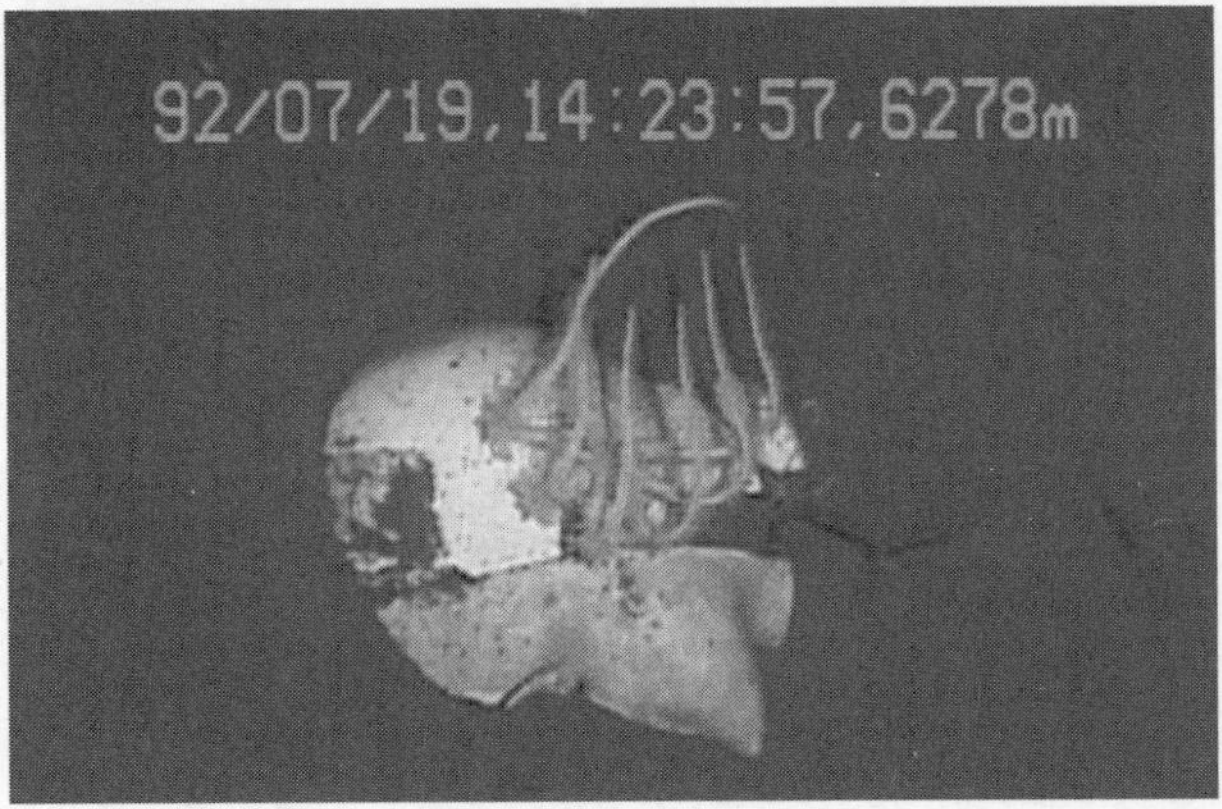

三陸沖の日本海溝の亀裂で発見されたマネキンの頭　上が1991年（小川勇二郎撮影）、下が1992年（藤岡撮影　いずれも©JAMSTEC）

深海底の変化――マネキンに変な生物が

マネキン発見のほぼ一年後の七月一九日、私は前年、小川氏が亀裂の中から見つけたマネキンにその後一年の間に何か変化が起こっていないかと考え、さらに広域にマッピングするために同じ亀裂に潜航した。まず六四〇〇mの地溝の底に降りて、そこにある泥岩を観察した後、東へとコースをとり徐々に斜面を登っていった。海底の表面にぱっくり亀裂が不気味に口をあけていた。そして亀裂の中のマネキンの頭にようやくたどりついた。近づいてよく見ると前年とは変わって変なものが付着している。ウミシダのようなものがしっかりとマネキンの頭に乗っていたのであった。また亀裂の中の堆積物が前年に比べて少し多い、つまりマネキンの顔が少し泥に埋まったように見える。たった一年しかたたないのに深海底に何か大きな変化があったようである。たとえば前年、写真やビデオに映っていたおびただしい量のビニール袋が、全部なくなっていることに気が付いた。

私はこの変化を詳しく定量的に表現できるように多くの写真を撮った。またビデオの映像に関してはズームアップしたり引いたりして全体と部分とがわかるように撮影し記録した。この潜航では一つの亀裂が海溝の軸に平行にほぼ南北に走っており、幅は狭いところで数cm、広いところで七―八m、落差は最大五mで一本の長さが一二五m続いていることが明らかになった。亀裂はなくなっても少しずれて、さらに南へ別の亀裂が走っていることもわかった。亀裂の配列は渡り鳥の並び方に類似している。雁は並んで飛ぶ時に一羽ずつ少しずつずれて並ぶ。それを「雁行《がんこう》」と呼んでいるが、この亀裂は巨視的に見れば雁行配列していることがわかる。このような亀裂は、地面が両側すなわち東西方向に引っ張られてできたように見える。大地を引き裂くこのような大きな力はどのように働いたのだろう。

「海の壁」三陸の大津波の痕跡

作家の吉村昭氏は三陸地方を三度も襲った大津波を題材にした小説『海の壁』を発表している。明治二九年（一八九六）六月一五日、旧暦の端午の節句のお祝いに人々が浸っているところにマグニチュード六・八の地震が発生し、その三五分後に突然、大音響とともに最初の大津波が押し寄せてきた。地震の規模は小さく地震による被害はほとんどなかったのだが、大津波のため二万人以上の人が犠牲になった。三陸地方にはその三七年後の昭和八年（一九三三）にまたもや大津波が押し寄せて、三〇〇〇人もの人が犠牲になっている。綾里村出身の山下文男氏によって書かれた哀歌「三陸

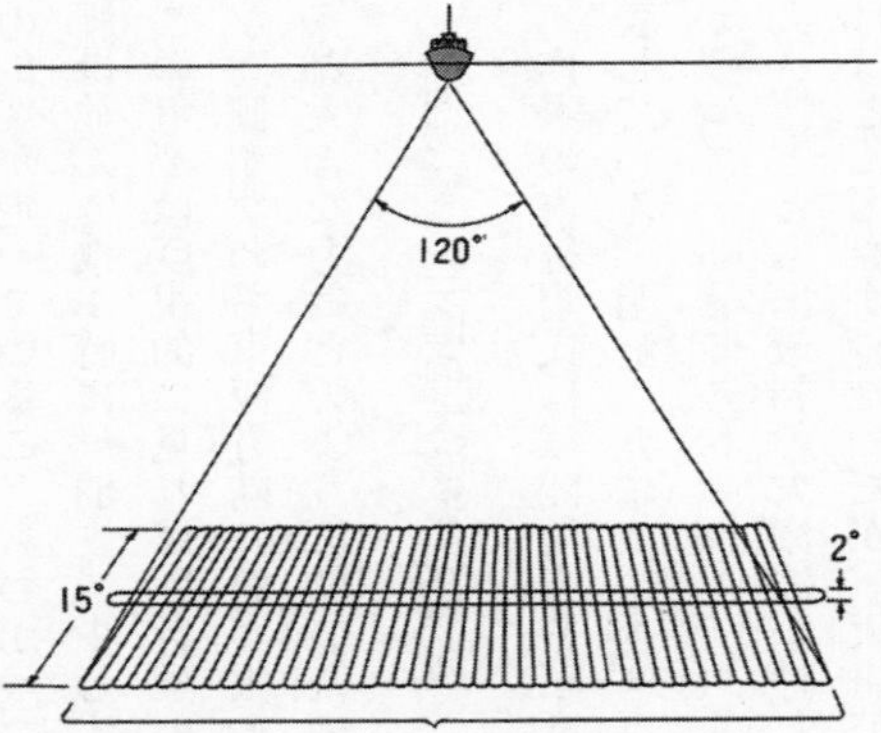

船底からマルチナロービームを発射し、返ってくる時間から海底地形がわかる

大津波」もこれらの事件を扱ったものである。何とも痛ましく地球科学を研究している人間として無力さを感じる。地震の震源はこれから紹介する「しんかい六五〇〇」が訪ねた場所にあたる。

三陸地方にはリアス式海岸がよく発達しており、海岸線は複雑に入り組んでいて漁港としてはよいが津波に対してはたいへんにもろい一面を持っている。津波が湾の入口から入り込むと、それが増幅されてとんでもない高さにまで発達することがあるからである。特に水深が浅く、入口が狭い湾に、直角に波が押し寄せてきた場合がそうである。このことは実験的にも確かめられている。二つの地震は三陸沖の一〇〇―一五〇㎞沖合で海底面が急激に変化したために起こった現象で、当然海底にもその痕跡が残っているはずである。このことはまず海底の詳細な地形図を作成することによって明らかになる。

マルチナロービームという細く絞った音の束を、船の幅方向に船底から海底に向けて発射する。音は海水中では一秒間に約一・五km進む。音は波と同じで性質の異なった媒体を通過する時、その一部は反射して船に戻ってくる。その時間が一秒なら、音は往復一五〇〇mの道のりを走ったことになり、海の深さはその半分の七五〇mになる。このような音の束をたくさん船底から海底に向けて発射し、船の進行につれて海底地形図ができてゆく。この地域は東京大学海洋研究所の「白鳳丸」によって調査された。次頁にその海底地形図を示した。地形図をよく見ると海溝軸はこの地域では、ほぼ南北に直線的に走っていることがわかる。深さは七四〇〇mほどで現在のどのような有人の潜水調査船をもってしても、その底に直接到達することはできない。海溝軸から東に行くと水深は少しずつ浅くなるが、海溝軸に平行な凹地地形が顕著に見られる。これを地塁・地溝地形と呼んでいる。地塁・地溝とは凹みと高まりが交互に出てくるような地形を言う。実は伊豆・小笠原、マリアナそして琉球の海溝の海側の斜面にも同じような地形のあることがわかっている。

一方、陸側の斜面を見ると南北方向に走る直線状の急崖がいくつも走っていて、こ

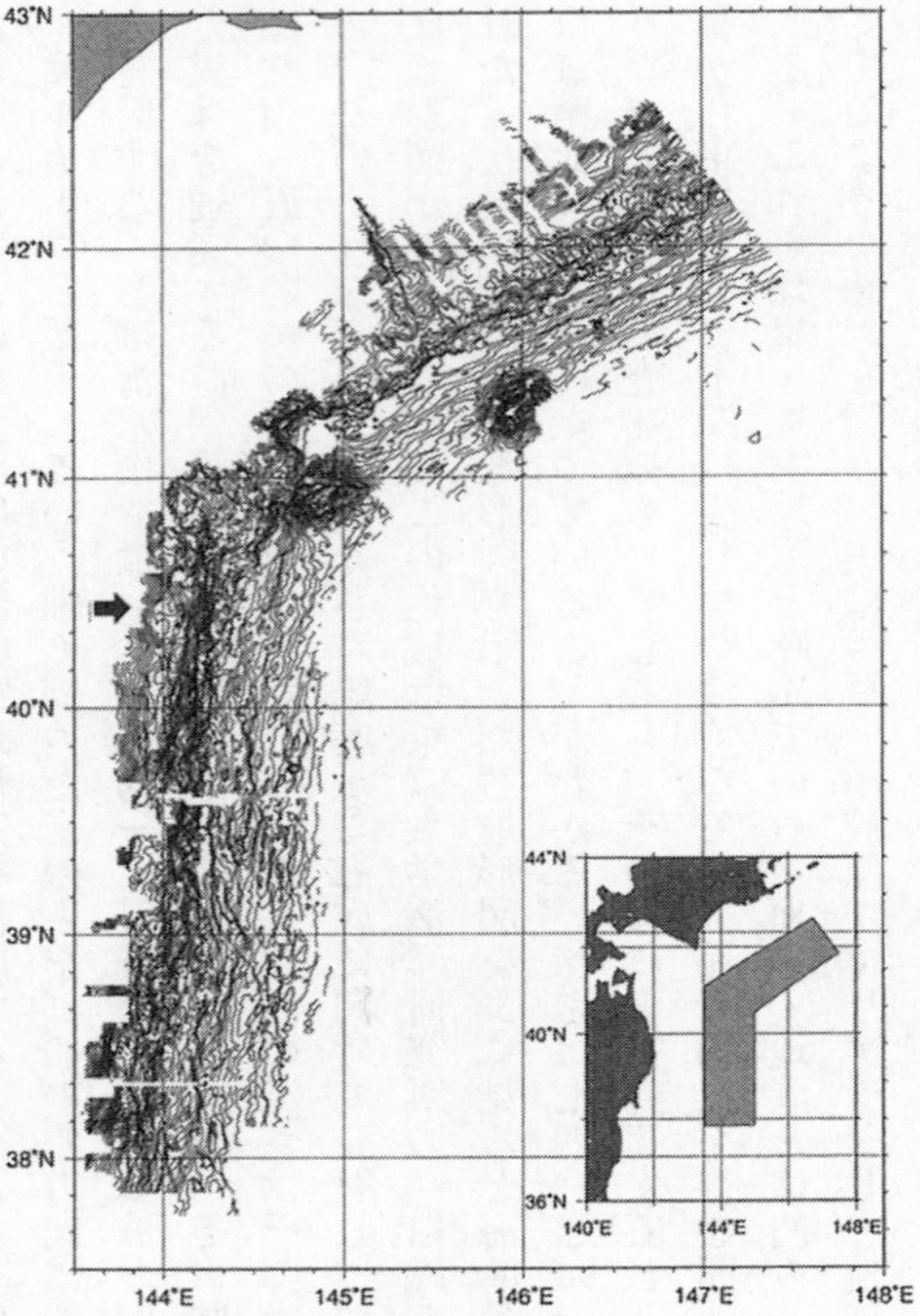

三陸沖日本海溝の海底地形図

れが活断層であろうとは素人にも想像できる。中には長さ一〇〇km、落差が一・五kmにもわたる大きなものがあり、「三陸海底崖」と呼ばれている。海底崖の麓には、馬蹄形の地形がいたるところに見られ、海底地滑りの跡だと考えられる。このような馬蹄形の地形は海側に開いた形になっている。陸上で地滑りが起こった時は、必ず下流方向に開いた馬蹄形の地形が形成される。海底でも同じである。

先の明治二九年の地震は海溝の陸側斜面で起こっている。この震源の近くには地形図で認められる規模のたくさんの馬蹄形の地形が見られる（その一つを矢印で示した）。一方、一九三三年の地震は海溝の海側斜面で起こっている。これは沈み込む太平洋プレートそのものが変形、破壊したために起こったと考えられている。余震の分布域を見ると海溝軸の外側に南北に延びた形をしている。日本海溝に潜航する最大の目的は、このような近い過去に発生した巨大地震の跡を詳しくマッピングして、地震によって引き起こされた地殻変動がどこまで及んでいるかを知ることである。また岩石や堆積物が変形している時は、それらの観察とサンプリングによって、そこにどのように力がかかったのか、すなわち応力場を知ることである。一回の潜航では狭い範囲しか調査ができないので、海面からの間接的な観測や多数の潜航の結果を併せて広域的に考えることが必要になる。このような研究は多くの場合一人で行なうことが難しく共同研究、場合によっては外国の研究者との共同研究が行なわれる。海洋の研究は多くの場合、多くの機関との共同研究が不可欠である。

日仏「かいこう」計画

日本海溝に初めて潜ったのはフランスの潜水船「バチスカーフ」のFNRS－Ⅲで一九五八年のことであった。その後「アルキメデス」が一九六二年に、自力航行が可能な潜水調査船になってからは、実はフランスの潜水調査船「ノチール」が最初であった。どういうわけかアメリカの潜水船は一度も潜航していない。「ノチール」の調査は、一九八三年から始まった日仏「かいこう」計画でのことである。この計画は日仏共同で日本周辺の海溝の詳細な調査を行なうことであった。フランスの周辺には地中海にヘレニック海溝があるが、そこは水深が浅く本格的な海溝の調査を行なうには大西洋の反対側のプエルト・リコ海溝か西太平洋の海溝に行くしかなかった。当時としては日本列島周辺の海溝は、わが国がたいへんよく調査していたので西太平洋、特に日本周辺の海溝に決まった。フランスはこの計画のために詳細な海底の地形図を作成し、六〇〇〇m級の潜水調査船を建造し、この計画に間に合わせ日本まではるばるやって来たのである。

日仏「かいこう」計画では、まず一九八四年にフランスの調査船「ジャン・シャルコー号」のシービームによって南海トラフ、駿河トラフ、相模トラフ、海溝三重点、第一鹿島海山、そして日本海溝北部の詳しい海底地形図を作成した。海底地形図を一年間検討した後、水深等から考えて海溝三重点以外の地域で合計二七回の潜航調査が、九回ずつ三つのレグに分かれて行なわれた。これらの成果は写真集や論文、単行本になっている。

私は今までに日本海溝に合計六回潜航している。海溝の陸側斜面に三回と、海側斜面に三回である。その内一回はフランスの「ノチール」に乗ってであった。フランスの潜水調査船「ノチール」で日本海溝に最初に潜航したときは、日立沖の第一鹿島海山で海溝を横断した。この潜航では海溝の陸側斜面に逆断層に起因する斜面と斜面崩壊の堆積物が作る不安定な傾斜地から、日本海溝では初めてのナギナタシロウリガイの群集発見という快挙をなしとげた。その後、宮古沖の日本海溝の水深六〇〇〇m付近の海底から、小川勇二郎氏が世界で最深のナギナタシロウリガイの群集を発見している（現在は六四三六m）。ここでは、いささか長くなるが、潜水調査船科学の実態を紹介するためにも、当時の潜航記録を掲載してみよう。

日本海溝初のシロウリガイ群集の発見記

私の潜航は一九八五年七月二二日、第一鹿島海山西半部の斜面から日本海溝の軸部を越えて、日本海溝陸側斜面を登ってゆくという海溝の横断を試みることであった。第一鹿島海山にわれわれがやって来て、断層崖の潜航を中村保夫氏が、陸側をセグレが潜航した後、全体のミーティングが持たれた。それ以後の潜航調査地点に関してさまざまな意見が述べられたが、おおかたの意向は、海側で一回、陸側で一回ということでまとまり、断層崖の頂上までをブルゴワが、陸側を私がということになった。私はこのとき、日仏「かいこう」計画が始まったばかりの頃、中村一明隊長の言っていた、「第一鹿島付近では日本海溝の底が浅くなっていて六〇〇〇m級の潜水調査船でそこを横切ることができる」というのを思い出した。私は第一鹿島海山西半部の北側の日本海溝で、ちょうど横断に適した場所を探し、潜航を行なうよう主張した。しかし私のこの主張は第二節の研究者全員を敵にまわすことになった。なぜならば、その二日前に潜ったセグレの潜航ビデオには、第一鹿島海山に六〇度を越す急傾斜を持つ土石流堆積物が見られ、皆がそのことに甚だしく感心したばかりであったからである。私は、第二節で一度くらい海溝を横断しないと海溝計画としては心残りであるとつけ加えた。全体の意見は首席研究員のポトの後押しで私の案に傾いた。私は密かにほくそえんだ。

潜航の前日、私はフランス側が潜航のために用意した一万分の一の海底地形図を眺めながら、自分の潜航ルートについてあれこれと思いを巡らした。そのとき日本海溝陸側斜面下部に顕著な逆断層地形が発達しているのに気が付いた。それは連続性もよく、この面をうまく横切ることができれば、第一節の天竜海底谷口で見つかったようなコロニーがここでも発見されるのではないかと確信した。

そのことを小川勇二郎氏に話したところ「そうかもしれないネ」と言ってくれたのでさっそく潜水夫たちのところへ出かけて「天竜で生物を採るために用いた網はあるか」と尋ねたところ話がなかなか通じない。フランス人にネットと言ってもだめで、後でそれをフィレと言うことを知ったが、ともかくフィレと採水器を用意して温度計が完全に作動することを確認し、部屋に戻り前祝いをした。私たちの部屋は食堂の下の四人部屋で、部屋には中村（保）、竹内、金沢、藤岡が居住していたが、気が合って潜航のない日は毎晩飲んだくれていた。私が選んだコースのとおり潜ると「ノチール」が日本に来てから一番深くに潜ることになるのでその前祝いであった。中村氏が海底は寒いからこれをはけといってラクダのパッチを貸してくれた。少なくともラクダのパッチをはいた中村氏が無事生きて帰還しているということは、きわめて大事なことであるので縁起をかつぐことにした。

潜航当日の朝は早くに目がさめた。もともと母船「ナジール」での生活はヨーロッパ式の夏時間を採用していたので、日本の陸上の人よりも一時間早い生活をしていた。朝食を済ませて後部甲板に出てみると天気もよく海は静かに凪いで絶好の潜航日和であった。潜水夫たちがのんびりと「ノチール」の調整や手入れをしていた。潜航はその日の天候や海上交通などに左右されるが、だいたい朝食後に整備点検が開始され、一〇時頃に潜航が開始される。九時頃に隊長の部屋にあるブルーの潜航服をとりに行き潜航に出発する挨拶をした。甲板に出て採泥器が全部そろっているかを確かめた。すでに潜航した人の話によると五〇〇〇mの海底は一度くらいでとても寒く厚着をしたほうがよいと言われ、ラクダのパッチ以下、たくさん衣類を着込んでしまったため、まるで冬山に行くような格好になってしまった。甲板では暑くてかなわなかった。まるでガマン大会である。当日の潜航のコパイロットはマックスで、パイロットはシアロン（アフリカンゴリラというあだ名）であった。マックスは英語が得意で、あれこれよけいなことをしゃべるのに対し、シアロンは英語が得意ではないらしく口数は少ないが誠実な男であった。一〇時近くになって潜水夫や技師長のルーたちが集まってきて甲板はにわかにあわただしくなってきた。私はマックスに促されて「ノチール」に乗り込むことになった。

最初、マックスが乗り込んで機材を積み込む。フランスの用意した一六ミリカメラや大切な食糧、ビデオカメラや私の航跡の入った地図とコンパスが積み込まれた。何となく遠足へ出かけるような気分である。私は靴をよくぬぐってハッチ内に入り、皆に手を振って艇上の人となった。潜水調査船のハッチのすりあわせは非常にセンシティブで、ここにかみの毛一本がはさまっても命とりになることがある。金属ハシゴで中に入ると、チタン球の中である。両側の壁にはさまざまな機器がシャーシーに組込まれていた。私はこの年の五月に「しんかい二〇〇〇」に乗って相模湾に潜航したが、それに比べてかなり広いという感じがした。「しんかい二〇〇〇」ではパイロットが搭乗口のすぐ下の椅子に座り、その椅子の前にパネルに組み込まれた操作ユニットがあり、研究者はその机の下にねそべる格好になるので屋根裏部屋という印象を与えた。

「ノチール」にはそのような机がなく、かなり広い感じがした。私は右側の窓、シアロンが左側の窓、マックスが中央の椅子に座って中央の魚眼窓を用いた。その間「ノチール」はレールの上を移動しており、吊り上げるAフレームの下に来ていた。窓から覗いて直線がどのように見えるのか頭に入れようとした。小川・中村両氏が手を振っていた。「ナジール」のレールの直線のずれを見ているうちにハッチが閉じられた。もう後戻りはできない。球の中の三人は一蓮托生《いちれんたくしょう》で同一の酸素を使って生活する生物群になった。

「ノチール」はAフレームに吊られてふわりと浮上した。「ノチール」を吊るロープは一本で、全体の回転を止めるべく五本の補助ロープがとられ、潜水夫たちがそれを固定している。日本に「ノチール」が来て最初にテストした時、この固定ロープと留め金がとれてルーが大けがをし、静岡の病院へ入院したことがあった。しかし今日のようなべた凪の日には何の心配もなかった。高く吊り上げられた「ノチール」の窓から覗くと五人の日本人と六人のフランス人が、思い思いの場所で撮影したり手を振ったりしているのが見えた。やがて「ノチール」はスーと降りたかと思うと水面に着水し、窓からは真白い海水の泡沫が見え、それと同時にスモウさんというあだ名の潜水夫が飛び込んで、こちらに向かってくるのがわかった。私はこれがビキニを着た美人だったらなあと思いながら地上に別れをつげた。

マックスとシアロンは緊張ぎみに必要な計器類のチェックを行ない、「ナジール」に潜航開始のメッセージを送ると潜りはじめた。窓の外は次第に夕方に近づき、だんだんだん暗くなってくる夏の夜を思わせる。緑色の小さな夜光虫がハゲ山の一夜のオバケのようにゆらゆら揺れる様はこの世のものではないような気がする。マックスが「ナジール」と交信する声で我にかえった「ドウミルメトル」（二〇〇〇m）。「ノチール」の角度計が右旋回しながら降りてゆく。「しんかい二〇〇〇」もやはり回転きりもみ降下をする。約三分間で一回転しながら落ちてゆく様はまるでカエデの種がくるくるまわりながら落ちてゆくようなものだろう。水深六〇〇〇mの海底にたどりつくには優に一時間四〇分はかかる。その間、何もすることがないのでマックスがフランスの西部劇を見せてくれた。

「ノチール」に入ってハッチを閉めたときは室内は四〇度近くあり、汗が次から次へと流れ出しシャツも何もビショビショであったのに、四〇〇〇mくらいになるとだんだん寒くなってきてガタガタふるえだした。潜航服をすっぽりとかぶって防寒した。着底が近づいたことをパイロットが教えてくれた。海底までの距離を調べる機器のレコーダーには緑や赤のきれいな円があって、中心に向かってどんどん染められていった。あと三〇mくらいで海底というところで、バラストが捨てられ静かに海底へと下っていった。私はにわかに緊張し、これから窓外に見える景色に期待と不安を抱いた。

「ノチール」が着底したのは第一鹿島海山西半部の裾野で水深はおよそ五八〇〇mで

あった。艇外はおよそ一〇m四方くらいが観察でき、明るさは近いところでは「ノチール」の照明のおかげで肉眼で見る限り昼間とあまり変わらない状態であった。マックスが「ナジール」と交信している間に、窓外に奇妙な生物が見えた。マリンスノー（海水中に懸濁《けんだく》するさまざまな粒子が、まるで雪のように海底に降ってゆく様を日本人の研究者がこのように美しい名前を付けた）の静かに絶え間なく降り注ぐ泥の上に大きな脚のたくさんあるナマコがじっとしていた。その生き物は色は明るいグレーで前後に触角のようなものを持ち、それを泥の中につきさしてじっとしていた。あたり一面にそれがいて、広大な北海道の牧場にのんびりとブタが放牧されているような感じであった。私はこれに「ピグマ」というあだ名を付けた。「ノチール」は二二〇度の方向へと移動を始めた。プロペラのまわる音は何か遠くでクジラが鳴いているような声に聞こえる。

視界がきわめてよく、海底にいるような気がしなかった。ピグマがいたるところに棲んでいた。前方に白いものが見えてきた。それは何と石灰岩からなる小さな段でそこにもピグマはいた。私は石灰岩がＣＣＤ（炭酸塩補償深度のことでこれより深いと石灰質の物質は融ける）以下の深さで、こんなにきちんと残っているのを少々不思議に思いながら観察した。ピグマと石灰岩を見ながら行くとシアロンが岩石が見えると言いだした。よく見るとそれは玄武岩で、生物の付着はなく表面がよく見えた。水深にして石灰岩と二mもかわらない。私は第一鹿島海山の西半分に玄武岩と石灰岩のあることを知り、これがやはり東半分の片割れであろうと強く感じた。玄武岩はまわりに転石もなく、マニピュレータで何度もサンプリングを試みたがどうにもならなかった。時間的なあせりを感じながら海溝軸へと下っていった。

海溝軸での風景は鹿島の裾野とはずいぶん異なっていた。ここはのんびりした牧場ではなく、大小さまざまな泥岩のブロックが堆積物といっしょに散在し、その間にピグマともう一まわり小さなナマコが生息していた。水深は五八九二mでゆるく北へ傾いた面となっていた。私はふと、ピグマがのんびりと生活していたらやがてプレートの沈み込みとともに、沈み込み帯の中へひきずり込まれてしまうのだろうかという変な疑問を持った。

日本海溝の陸側斜面は海側斜面に比べて明らかに急峻で、その表層全体は土石流堆積物で覆われていた。海溝軸に直交する方向に小さな谷が発達しているのが見られた。これは上からの堆積物を運ぶバイパスの役割をしていたのであろう。斜面を登ってゆくと急峻な崖とやや平坦なテラスとが交互に見られた。五七〇〇mのところで二枚貝の死骸が目にとまった。このとき必ずコロニーがあると確信した。テラス上にある小さな溝には、しばしばごく最近崩壊したような地形が見られた。五六五〇mくらいのところにもそのような溝があり、そこに二枚貝の死骸が累々と散在していた。その分布は上方へと直線的であった。私はパイロットにこの死骸をたどって行くように頼んだ。一段小さな崖を越えたところで目にしたのは二枚貝の小さな群集であった。なおも近づいてみて、それが生きたコロニーであることを知って三人ともはしゃいでしまった。二人のパイロットは天竜海底谷の出口でコロニーを見ているのに、興奮がとれない様子でうわずった声で「ナジール」と交信していた。

水深は五六四〇mであり、この時点で世界最深のコロニーは鹿島コロニーに塗りかえられた。私は言いようのない感動にとらわれしばし呆然とした。パイロットと打ち合せをし、まず全体を静かに観察し温度を測り貝を採集し泥を採るという作戦をたてた。私はこのコロニーは逆断層面からしぼり出された水の中に含まれるメタンや硫化水素によって維持されているのではないかと思った。それで「ノチール」をじっとさせて何か湧き出してきているものがないかどうかじっくりと観察した。白いカマキリのような生物がしきりにおじぎをしているのを見た時にしめたと思った。あとでこれがワレカラという生物であり、まわりに流れがあるとそれにつれて揺れるということもわかった。しかし、ワレカラの揺れは下からの湧き出しなのか、「ノチール」のプロペラの起こす小さなゆらぎなのか結局わからなかった。

コロニーは平坦なテラス上の溝の方向に沿って分布しており、溝の方向は二九〇度、テラスはそれに直交する二〇度の方向であった。コロニーは二m×一mくらいの大きさで、直線状に分布している。生きた二枚貝はまるで東北地方の温泉で多くの湯治客がひっそりと肩まで湯につかっているように、体を堆積物の中に埋めて三分の一ほど顔を出していた。二枚貝は赤い血液の色をした肉を出していた。二枚貝の他に小さな巻き貝、足のあまり発達していないナマコ、ゴカイ、カマキリのような白いワレカラと白い粒が見られた。ナマコは「ノチール」の風圧（水圧?）によって飛ばされコロコロと転がっていた。半透明の体はまるで巨大なフナムシのようであった。

コロニー内の堆積物の温度はまわりの海水に比べてわずかだが（〇・三度）高く、真黒でいかにも有機物に富んだような色をしていた。私はここで採水し採泥器で貝と泥を採った。そうこうしているうちに潜航時間の限界がきて、浮上せよという指令が「ナジール」からきた。「ノチール」が浮上を開始する頃、巻き上がった泥を餌と間違えてソコダラが「ノチール」のまわりを泳ぎだして、まるでわれわれにさよならをしているようで面白かった。竜宮の乙姫さまやタイやヒラメの見送りならぬソコダラの見送りを見ていると、もう二度とこの地点へやって来れないだろうと思い何となく感傷的になってしまった。

浮上を開始したとたん私は急に寒さを覚えはじめた。このとき昔、中村保夫氏と翻訳したマクドナルドとルエンダイクの東太平洋海膨の潜航で、「調査が終わると急に寒くなった」という表現があったのを思い出した。そのときこの文章の意味がわからなかったが、今にして初めて理解できたと思った。「ノチール」の室内の温度は一度そこそこである。いくらラクダのパッチを着込んでいるとはいっても、真冬に近い状態のところで汗をかいたあと寒くないわけはない。そんなことを考えているうちに「ノチール」の周囲の景色が次第に明るくなってきた。「ノチール」が海面に浮上した。正直言ってほっとした。

Aフレームで吊り上げられた時、船中の人々が甲板に集まっているのが目に映った。ハッチが開いて出てくると皆が大さわぎをしていた。私は「ノチール」が来日して以来、最深のところへ潜ったのである。中村隊長に自分の見てきたことをスピーチしろと言われて、フランス人に話していると、いきなりバケツの水をかけられた。野球チームが優勝した時の祝賀会そのものであった。私は多くの人の水ぜめの祝福にあって、たばこをふかしワインを飲み、ひたすら幸福な七月二二日を振りかえった。

かなり落着いてから自分の採集してきた二枚貝を見て、やっと今まで見てきたものが現実であることに気が付いた。しかし、依然としてまるで竜宮へ行った浦島太郎のような心境であった。私が見てきた貝やナマコなどの生物が、なんだか遠いお伽の国の世界のものであったような気がいまだにしている。

今度は世界で最も深いシロウリガイの群集の発見

私が「しんかい六五〇〇」で初めて潜航したのも、やはり日本海溝であった。今度は六〇〇〇mよりも深く潜れるので三陸沖でフランスのカデたちが潜った場所のさらに深い部分をねらった。ここではフランスの潜水調査船が潜って当時世界で最も深いシロウリガイ群集を発見しているのと、ここで深海掘削や音波探査が行なわれ、データが豊富であるためであった。このときは東京大学海洋研究所の学生の村山雅史君(現在は高知大学教授)を共同研究者として経験のため連れていった。

「しんかい六五〇〇」の母船「よこすか」は、潜航点付近の地形の調査を事前に詳しく行なうことができる。まず詳しい地形図を作ってそれを穴のあくほど見つめる。実際に鉛筆でいっぱい書き込んだため穴があいてしまった。「ノチール」の潜航したルートの水深五〇〇〇mあたりから急崖が発達していること、そして六五〇〇mあたりで平坦な地形になることを確認した。これは断層によってできた急崖の下に土石流でできた海底の扇状地が発達しているという解釈を与えた。そして潜航はこの六五〇〇mから約五〇〇m急崖に沿って観察しサンプリングする計画をたて、日仏「かいこう」計画の成果につなぐという提案書を提出した。

七月六日に潜航はまず六四九九mのところに着底した。この潜航では海溝の陸側斜面にはどうやら普遍的にナギナタシロウリガイが存在すること、そしてその最深部はおよそ六四〇〇mであることが判明した。深海底のように生物にとって餌のきわめて少ないところでは、高密度の生物の集中は集団自殺を招く。このような生物の高密度分布の原因には別のことが考えられる。現在では化学合成生物群集と呼ばれているシロウリガイ、ハオリムシ（チューブワーム）などの深海生物群集は、太陽の光の恩恵を受けずに、地下から湧き出す化学成分によって支えられていることが判明している。生物群集を維持するメタンや硫化水素等は地質学的には、それらの流体が地下深部から海底表面に上がってくるための通路が必要であり、どのような経路を通ってくるのかが重要である。日本海溝の陸側斜面には、断層によってできた流通系がたくさん形成されている可能性がある。このことが明らかになったのは、実は海底の掘削や音波探査と呼ばれる地下構造の探査の結果による。

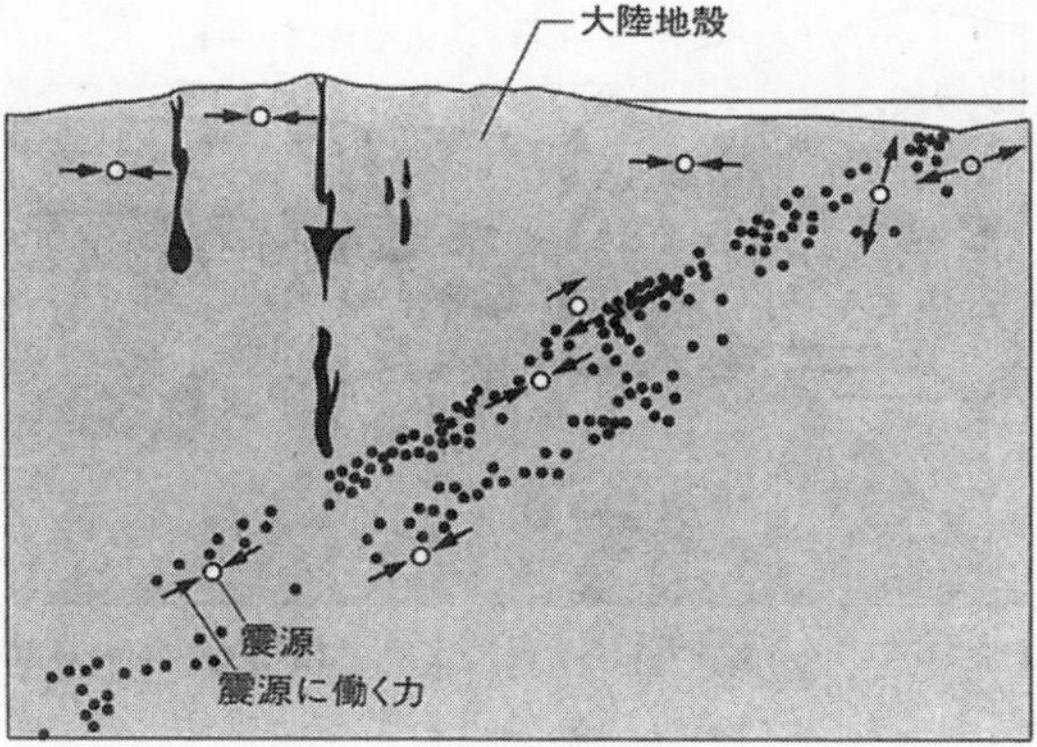

「和達―ベニオフ帯」深発地震の震源分布が傾いた面に沿っている

地震はどこでなぜ起こる

日本列島には地震が多く、地震の研究は明治時代から始まっており、日本の地震研究は今では世界でもかなり進んでいる。特に海溝域で起こる地震は、その震源が深いことが特徴である。深発地震が陸側に傾いた面に沿って起こっていることを明らかにしたのは、中央気象台に勤めていた和達清夫であった。同じようなことがロシアのヒューゴー・ベニオフによって発表されたため、日本の研究者は彼らの名前にちなんでこの面を「和達―ベニオフ帯」と呼んでいる。その後、日本海溝では沈み込むスラブ（プレートは地球の内部に沈み込むとどういうわけかス

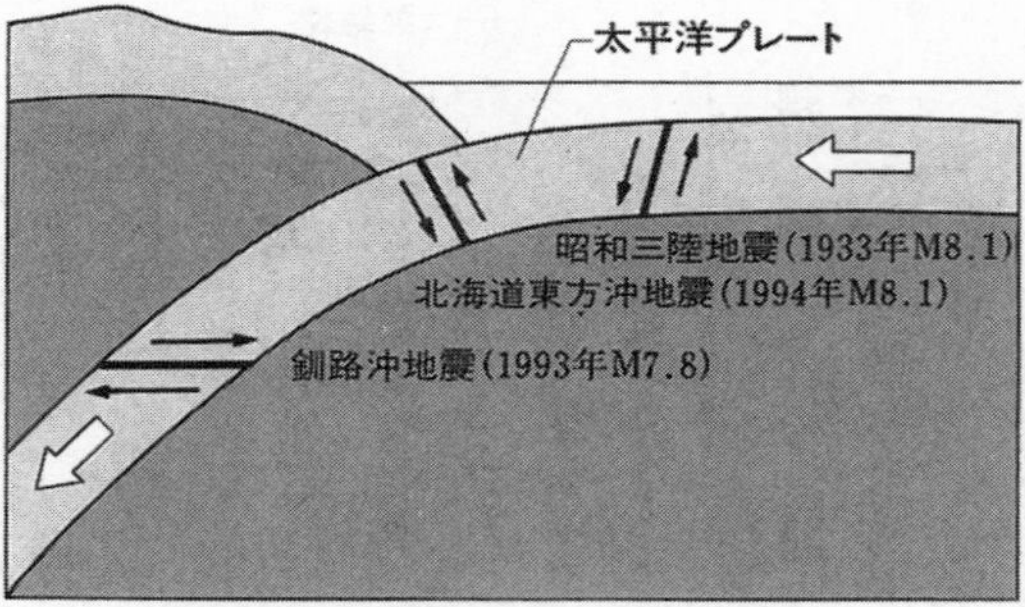

2つのプレートのせめぎ合いによって起こるプレート内地震

ラブと呼ぶ）に発生する地震が二重になっていること、すなわち二重深発地震面が東北大学の長谷川昭氏によって発見された。

地震が発生する場所のことを地震学者は地震発生帯と呼んでいる。地震はある地域に応力がかかった時、周辺の岩石の強度を上回って応力が働き岩石を破壊した時に発生する。巨大地震ほど破壊される面積が大きい。ちょうど人間でたとえると、ストレスを小出しにしている人はあまり爆発しないのだが、ストレスを発散せずずっと我慢してためている人が酒でも飲んで今までのうっぷんをはらすとたいへんな騒ぎになることがある。地震の規模や起こり方とよく似ている。

海溝域に地震が多く発生する原因はここで二つのプレートが衝突するからである。多くの場合、性質の違うプレートは重いプレートが軽いプレートの下へと沈み込む。スラブとその上盤のプレートとの間には何がしかのせめぎ合いが起こる。このせめぎ合いにはいろいろなタイプがあるが、いずれにしても上盤の変形が破壊に変わった時に地震が発生する。またスラブ自身にもひずみがたまり、ついに破壊が起こる。剛体的に振る舞っていた板が、無理やり地球の内部に潜り込むのだから、変形が起こるわけである。海側の斜面と陸側の斜面に起こる地震では、その性質は異なるが大雑把に言うと地震の起こる原因は以上のようである。

日本海溝の研究は古くから行なわれてきた。最初に海溝の地形や重力の負の異常等が明らかにされたのも日本海溝であり、海溝の典型とされてきた。ところが研究が進むにつれて海溝にはいろいろなタイプのあることもわかってきた。日本海溝の特徴はさまざまな研究から、海溝域で侵食の起こっているタイプの沈み込み帯の一つであり、海溝の深いところで陸側の部分がはぎ取られて地球の内部へと持ってゆかれるのである。このような現象を「テクトニックエロージョン（侵食）」と呼んでいる。

伊豆・小笠原島弧―海溝系

今度は伊豆・小笠原海溝に着目しよう。伊豆・小笠原海溝は、北は房総半島の南端の南東沖二〇〇㎞のところに源を持つ。海上保安庁水路部の海底地形図では、第一鹿

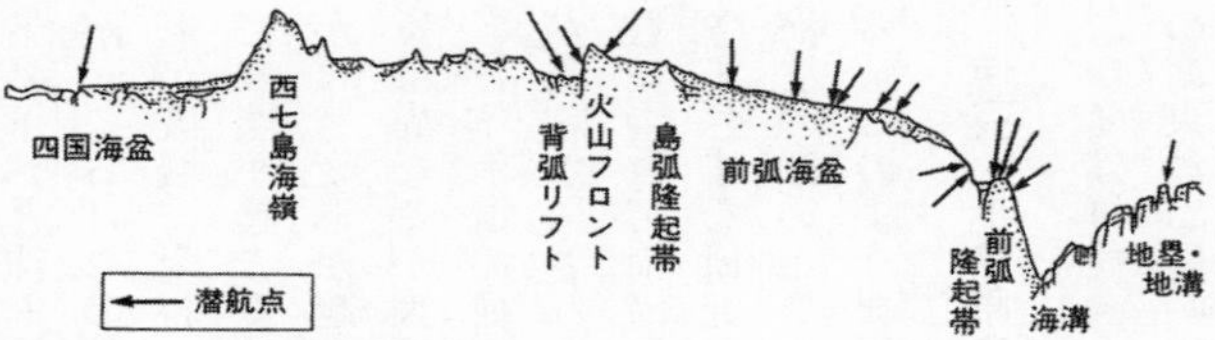

伊豆・小笠原弧模式断面図

島海山が日本海溝と伊豆・小笠原海溝を分けているが、この分け方は不便である。この部分には水深約九二〇〇mの坂東海盆と名付けられた広大な海盆が広がっており、日本海溝、相模トラフ、伊豆・小笠原海溝の三つの海溝が交わる海溝の三重点になっている。太平洋プレート、フィリピン海プレートそして北米プレートが接している複雑な地形とテクトニクスが形成されているのだ。伊豆・小笠原海溝はここから南へほぼ南北に延びている。南の端は、小笠原海台と呼ばれる白亜紀の巨大な海台の衝突によって海溝が浅くなっている。その全体の長さはおよそ九〇〇㎞あり、東京から広島くらいの長さになる。島弧全体は実は八ヶ竹岳に始まっている。伊豆・小笠原海溝は伊豆の島弧が伊豆半島で本州に衝突しているために複雑になっているのだ。八ヶ岳から数えると全長約一二〇〇㎞になる。

このような長い島弧は全体が単一の性質を持つのではなく、いくつかの部分に分けるのが適当である。日本海溝と平行に並ぶ東北日本弧の場合は、仙台を通る北西—南東方向の構造線

伊豆・小笠原弧（青ヶ島構造線と孀婦岩構造線）の特徴一覧

	北　部	中　部	南　部
水深	浅い	中間	深い
地殻の厚さ	厚い（40〜50 km）	中間（19 km）	薄い（15 km）
火山フロントの火山岩	ソレアイトとカルクアルカリ	ソレアイト	ソレアイト
火山活動時期	＜300万年	＜600万年	始新世—漸新世
地形的特徴	雁行配列	西ノ島トラフ	なし
前弧域	堆	なし	発達した島
伊豆・小笠原弧と海溝との距離	213 km	188 km	235 km
モホ（p波速度）	7.7 km/s	8.3 km/s	7.9 km/s

（石巻—鳥海山構造線や海底まで含めた東北日本構造線）によって明瞭に北部と南部とに区分される。私は伊豆・小笠原島弧—海溝系は、実は北部、中部、南部の三つに区分するのがよいと考えている。北部は八ヶ岳や伊豆半島を含み、青ヶ島までが含まれる。一〇〇〇mの等深線で囲まれる部分を見るとこのことがよくわかる。これより北は水深が浅く、地殻は厚い。中部は前弧に蛇行した大きな海底谷を持つのが特徴である。また後に述べるように蛇紋岩の海山が中部には存在する、これは孀《そう》婦《ふ》岩を通る孀婦岩構造線によって区分される。南部はマリアナ海溝までの部分である。水深は大きく前弧には小笠

原諸島が存在する。火山フロントは孀婦岩構造線で少し東にずれる。このような関係を示したのが前頁の上表である。世界中の島弧―海溝系は長さ四〇〇㎞くらいが同一の性質を持つようである。これは海嶺の一つのセグメントの長さが、最大五五〇㎞くらいであることと関係があるかもしれない。

以下、海側から前弧、島弧、背弧の順に海底の性質を見てゆく。

海溝の海側の地塁・地溝

海溝の海側斜面は今から一億六〇〇〇万―一億三〇〇〇万年程前に形成されたプレートそのもので、その上には五〇〇m程の厚さの堆積物がつもっている。海溝の海側斜面には三陸沖の日本海溝でも伊豆・小笠原海溝でも顕著な地塁・地溝地形が見られる。伊豆・小笠原の地塁・地溝地形は三陸沖に比べて規模が大きい。すなわち比高は五〇〇m程あり何段も認められる。伊豆・小笠原では沈み込むスラブの傾きが東北日本に比べて急である。そのためにプレートの曲がりがより大きく、より深い地溝ができるのかもしれない。スラブの傾きが急であることはマリアナ海溝でも同様で、巨大地震があまり起こっていない。

海溝の軸部はあまりよくわかっていないが、堆積物が埋積しているため表面は平坦である。深海扇状地を形成しているところもある。海溝軸の中には周辺より少し深く、細長く延びた凹地が雁行状に走っている。このようなものを海淵《かいえん》と呼ぶこともある。海淵は海溝の軸がテクトニックに曲げられているところでは顕著な雁行構造により横ずれが起きたことを示している。

等間隔に並ぶ前弧の海山と火山フロント

水深六〇〇〇mほどの前弧を眺めてみると顕著な性質に気付く。青ヶ島あたりから鳥島にかけて海山が並んでいることである。これらの海山は一定の間隔をあけて規則正しく並んでいるように見える。そしてその間隔はちょうど火山フロントの火山の間隔の約半分である。

海底地形に名前を付ける時によく近くの島の名前を使うが、ちょうど島と島の間にある地形については二つの島の名前を組み合わせた合成の名前を付ける。関門海峡とか青函連絡船などのようなものである。普通はこのような命名法は邪道であるがわかりやすい。明神礁と青ヶ島の間にあるのは明青海山、鳥島と須美寿島の間は鳥須海山という具合である。これらの海山はいずれも堆積物に厚く覆われていた。前弧の海山は「しんかい六五〇〇」による潜航調査の結果、マリアナの前弧に見られる蛇紋岩海山と同じであることが判明した。鳥島海山に二回、須明海山に一回、潜航している。このうち須明海山はハワイ大学のブライアン・テイラーによって調査されている。海山のほとんど全部が堆積物に覆われていて頂上のほんのわずかの部分に露頭があり、それが蛇紋岩であることが確認された。

伊豆・小笠原弧の火山フロントは八ヶ岳から始まる。箱根山、伊豆大島、三宅島、御蔵島、八丈島、青ヶ島、明神礁、須美寿島、鳥島と南へ直線的に続く。孀婦岩から南へは、少し東へずれて水曜海山、金曜海山、西ノ島、海形海山、海徳海山とマリアナの火山へとつながる。硫黄島の系列をどちらにいれるかは議論の分かれるところである。これらの火山フロントの火山の間隔は等間隔ではないが、きわめて規則正しく並んでいるように見える。ちなみに順番に長さを測ってみると七五㎞の間隔であることが多い。一つの火山が一つのマグマ溜まりからできているとすると、この並び方はある深さでのマグマ溜まりの形成を示していると言えるかもしれない。

漂流と火山の島

北緯三〇度付近にある鳥島では一九〇二年(明治三五)に大噴火が起こり、島民一二五名全員が死亡し、今では無人島になっている。新田次郎の『火の島』や吉村昭の

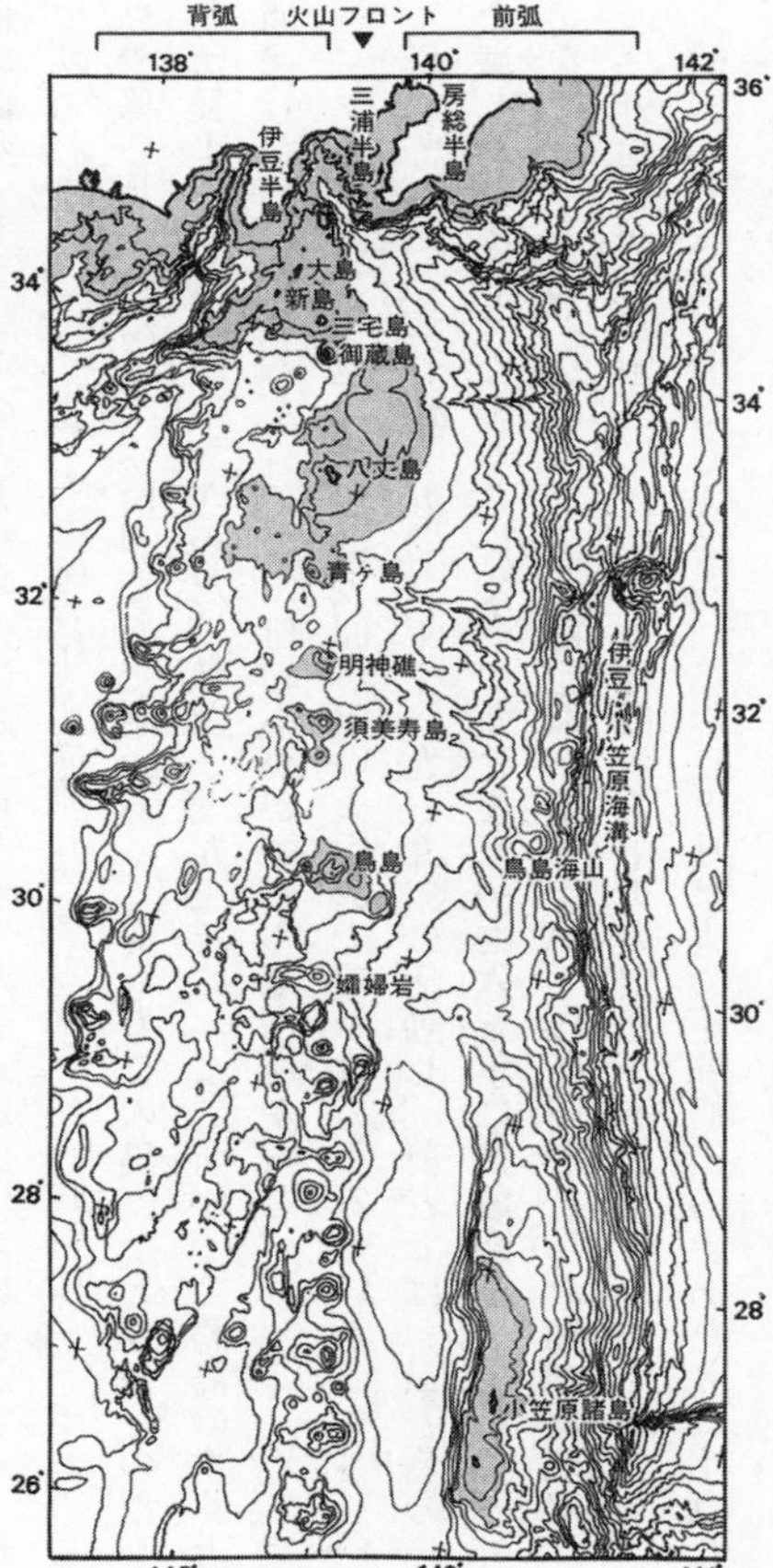

背弧
火山フロント
前弧
138°
140°
142°
36°
34°
32°
30°
28°
26°
144°
伊豆半島
三浦半島
房総半島
大島
新島
三宅島
御蔵島
八丈島
青ヶ島
明神礁
須美寿島
鳥島
孀婦岩
鳥島海山
伊豆・小笠原海溝
小笠原諸島

伊豆・小笠原の海底地形

『漂流』は、いずれも鳥島を題材にした小説である。

『火の島』は鳥島火山の火山測候所の話で一九六五年（昭和四〇）から始まった火山性の微動である。このときは噴火は起こらなかったが、島民は全員避難させられるのである。『漂流』は土佐の漁師長平が漂流してアホウドリを食料に一三年もの長い間、島で暮らしついに本土へ戻ってきた話である。何人もこの島にたどりつくのだが、結局は長平一人だけが生き残った。私は一九九三年に「よこすか」で鳥島のすぐ近辺を通過したことがあるが、この二冊の小説が頭から離れなかった。

二マイル沖から見た鳥島は表面が黒い火山灰で覆われているせいか、やさしい山容を呈していた。これが一九〇二年や一九三九年に活動し、前者では一二五名の島民が全滅したとは思えないくらいであった。また一九六五年に気象観測員全員が撤去して、現在では無人島になっているとは想像ができない。ほぼ円形をした島の地形は、東と西に外輪山があり中央に硫黄山と呼ばれる中央火口丘がそびえている。北の千歳浦には溶岩の扇状地が発達している。アホウドリは東の絶壁旭山の上あたりに生息していたのであろう。

鯨骨生物群集の発見

一九九二年にわれわれは鳥島海山の調査を行なった。鳥島海山はくだんの鳥島のさらに東一五〇kmのところにある前弧の海山である。このときの潜航の目的は、後述するマリアナのコニカル海山で見つかった蛇紋岩のフロー（流出）を鳥島海山からも発見し、マリアナと比較研究することであった。まず私が潜航し水深三九九八mの頂上の近くから蛇紋岩の露頭を発見した。しかし炭酸塩のチムニーを発見することはできなかった。潜航のコースが悪かったのであろうか。潜航の終わった晩、乗船研究者たちと地形図をよく検討して、やや北よりのコースを潜航することにした。翌日は静岡大学の和田秀樹氏が、やや北よりのコースを頂上まで潜航することになっていた。いうまでもなく蛇紋岩と炭酸塩の両方を発見するためで、前日の潜航の結果を充分考慮して選んだ最良のコースであった。

ところが頂上近くで奇妙なものが見つかったのである。それはまったく奇妙で人々の想像を絶するものであった。他の研究者の潜航したビデオを見ていると勉強にもなるが、往々にして名語録を発見することがある。このときのパイロットの井田正比古氏と和田氏の会話もそうである。「何だか妙なものが」「クジラの骨みたいですね」「そうですね」「す、すごい」。なんとも感動に乏しい会話である。

水深四〇〇〇mの海底にクジラの背骨が一二個とアゴの骨が発見されたのである。

しかもその表面にはシンカイコシオリエビやゴカイ、二枚貝などの生物が、ひとつの生物群集を形成していたのである。私たちはこの世界初の？　奇妙な生物群集に「鳥島鯨骨生物群集」という名前を付けて航海の終了後、すぐに雑誌『ネイチャー』に投稿した。しかし世界は広かった。実はこれは初めての発見ではなかったのである。一九八七年、アメリカの西海岸サンタ・カタリナ島の近くのサンタ・カタリナ海盆で、もっと大規模な鯨骨生物群集が見つかっていたのである。われわれが生物学者でないために、このような生物群集があることを知らなかったのである。そう言われてみればアメリカの西海岸はホエール・ウオッチングで有名であり、アラスカから南のバハ・カリフォルニアまで回遊するクジラがしょっちゅう見られるので死骸があってもなんら不思議はない。しかしこの発見は深海底を生物がどのようにして移動するのかという問題に新しい光を投げかけたのである。人はこれを飛び石仮説と呼んでいる。長沼毅氏の『深海生物学への招待』に詳しく書かれている。

過去の世界が眠る深海底の地下——国際深海掘削計画

海底の表面は潜水調査船によって直接観察することができるが、さらにその下はどうなっているのだろう。海底は多くの場合、軟らかい砂や泥などの堆積物に覆われている。それらは海の中に棲む生物の遺骸や川から運ばれた砂や泥、火山の噴火や風で運ばれたものなどさまざまである。それらは静かに海底に雪が降るようにたまる。そのため、地下の深いところにある物質程年代は古くなる。したがって海底を掘削することはタイムトンネルをくぐるように過去の世界を見ることと同じになる。日本海溝の地下深部の掘削が一九七七年にアメリカの深海掘削船「グローマー・チャレンジャー号」によって行なわれた。これは国際深海掘削計画（DSDP／IPOD）と呼ばれる計画である。

海底を掘削するには地下の構造がおおよそどのようになっているのかを事前に調べておく必要がある。それにには地震探査または音波探査を用いる。音波探査という手法はエアガンと呼ばれるガン（銃）を船の後ろから海面のすぐ下に降ろし、圧縮空気をガンに詰めて規則正しく爆発させる。一種の人工地震のようなものである。そのエネルギーで地下深くに波が到達し物性の違う境界で反射してくる波をハイドロフォンという水中マイクでキャッチし地下の構造を決定する方法である。ハイドロフォンは船の何㎞も後ろに流しておく。

海底の掘削については後に詳しく述べるが、私はその航海に火山岩岩石学者として乗船する機会を得た。私自身は堆積物の中に含まれる火山灰を研究し、東北日本の噴火活動の歴史を海底の堆積物を使って編年した。噴火活動はいつでもあるのではなく、今から一五〇〇万年前と二〇〇〇万年前に激しかったことを明らかにした。

日本海溝の近くにかつてあった大陸――「親潮古陸」

深海掘削で次のようなことが明らかになった。まず、海底の泥や砂は、雪が氷になるのと同様に圧密によって堅くなることである。海底にたまった砂や泥には、もともと約六〇%ほどの水が含まれている。上にさらに砂や泥がたまると圧密によって水が追いだされ水分は少なくなる。そのとき放出される水が、細い脈のようになってゆくことが堆積物の研究から明らかになった。またその脈が出てくる深さは海溝の軸に近いほど浅いことがわかった。このことは海溝の軸付近には単なる圧密だけではなくて他の力、たとえば側圧が加わっていることを示していると思われる。

掘削をさらに続けてゆくと堆積物はついに岩石になる。ある掘削点では一五〇〇万年前の砂と泥が交互に重なった地層（砂泥互層）が出てきた。これは海底の地滑りなどによって発生した乱泥流による堆積物だが、さらに深く掘ると現在の海浜に出てくるような砂が出現した。化石の試料はここまでは連続的に出てきたが、この砂の下からは礫が出てきた。礫は玄武岩や流紋岩など、火山活動の結果できたものであった。

さらにこの礫層からは海に棲む生物の化石がまったくなかったり、火山岩が陸上で噴火した事実などが出てきた。このことから、これらの火山活動が起こったのが今から二三〇〇万年前で、近くに陸があったことが示唆される。海溝の近くの場所にかつて存在した陸は付近を流れる親潮にちなんで「親潮古陸」と名付けられた。日本海溝の陸側斜面は今から二三〇〇万年前には陸であり、その後徐々に深くなり約三〇〇万年前から、少し浅くなり今の深さに戻ったことが化石の研究から明らかになった。

動く洋上研究所――瀬床島

私はODP第一二六節の共同首席研究員として「JR号」に乗船した。もう一人の首席研究員はハワイ大学のブライアン・テイラーであった。このときは須美寿島から鳥島の間の海域で合計七本の孔を海底にあけた。伊豆・小笠原の火山活動の歴史を調べるためである。

一九八九年四月一八日の早朝、東京晴海埠頭の船客待合室の前に、高い櫓《やぐら》を持った巨大な船が静かに横付けされた。髭をはやした屈強な技術者たちが大勢、まるで蜂の巣をつついたように忙しそうに荷物や器材を降ろしはじめ、巨大なクレーンが動きはじめた。「JR号」の本邦初航海の記念すべき日であった。この船には船を動かす航海士や機関士、海底の掘削を行なうドリラーたち、試料を研究する研究者たちやそれを助ける技術者、料理人や医者など一二〇名近くの人々が乗船し、文字どおりの国際船となっている。

「JR号」は別名「SEDCO/BP471」(セドコ)とも呼ばれている。私はこれを「瀬床島」と呼んだ。瀬床島は動く洋上の研究所である。瀬床島には世界中の地球科学者の中から選ばれた二人の首席研究員と首席研究員を補佐するスタッフ・サイエンティスト、砂や泥を調べる堆積学者、石を扱う岩石学者、化石を研究する古生物学者、水や有機物を分析する地球化学者、古地磁気学者、物性測定の専門家、地球物理学者、孔内計測の専門家など計二五名が参加した。さらに技術者や掘削試料の分配を管理するキューレーター、船医などが加わる。航海中、首席研究員は一五―三時、三―一五時、普通の研究者は〇―一二時、一二―〇時という時間帯の仕事のどちらかに従事する。その間に研究者ミーティングや掘削のミーティングなどがある。

出港後、首席研究員はまず研究者の研究時間体制を決める。何しろ二四時間休みなしで働くので、専門家を二つのグループに分けて一二時間交替の研究チームを二つ作らねばならない。また深海掘削は、世界中の地球科学者が注目しており、得られた試料を使ってこれこれしかじかの研究を行ないたいと要求してくる。首席研究員は、これらの掘削試料の要求を整理し、どのようにサンプリングし、それをどう分配するかを決める。この航海が地球科学的にどのような意義を持つのかを、国際深海掘削計画の窓口であるテキサスA&M大学に送らねばならない。掘削点でのスケジュールを決められた日程の中にきちんと収まるよう計画をたてる。最初の掘削点に着くまでの間に首席研究員、船長、掘削計画の関係首脳一〇名程でゲームプランなるものを確立する。すなわち、まず掘削点に着くまでにどのようなメニューの調査をし、どのような手順で掘削し、どこまでどのようにして掘るかを決める。その間、研究者たちは船内研究生活とコンピューターの使用法に慣れねばならない。船内では、データや論文はすべてコンピューターで処理されているからである。

九〇〇〇mの掘削パイプで地球を穿つ

深海を掘削する方法を以下に述べる。約三〇mのパイプを櫓の下にエレベーターで立てて次々とつないでゆき海底にまで降ろす。そのパイプの先端にはビットと呼ばれるものがついており、パイプ全体をモーターでまわすと、ビットもまわりの岩石を切り崩し、中心のコアを採るのである。そのため「JR号」には船の真中にムーンプールと呼ばれる穴があいていて海水が中を通っている。一方、空に向かって高層ビルよろしく六〇mもの櫓がそびえている。掘削能力は、水深を含めて約九〇〇〇mである。したがって、深さ五〇〇〇mの海底では理論上は海底下四〇〇〇mまで掘削可能ということになる。掘削中は波や風のため揺れる船を、錨も降ろさずどうやってじっと同じ位置に保つのだろう。掘削のとき全体のパイプが鉛直より七度以上に傾くとパイプが折れてしまう。これを七度以内に抑えるのが動的位置決めである（DP＝ダイナミック・ポジショニング）。「JR号」には船を前後左右に動かす巨大なスラスター（船を横滑りさせるためのプロペラ）が六つあって、ムーンプールが常に掘削地点の真上にいるように操作するのである。それには海底に特定の周波数の音を出すソナーを落とし、そのソナーからの音波を船上で受信して絶対的な位置を求め、それから少しでも外れるとコンピューターで制御されたDPで元の位置に戻すのである。「JR号」はこのDPとコアリングのモーターの音と研究者が研究室でガンガン鳴らす音楽と船の空調の音が、奇妙なハーモニーをかもしだしている。船から降りた最初の日はあまりに静かすぎてまったく眠れないことがあった。

研究船での生活——航海日誌より

私は「JR号」の第一二六節の首席研究員として、一九八九年四月二二日から六月一九日の約八週間を伊豆・小笠原の青ヶ島から須美寿島付近の洋上に暮すことになった。閉ざされた船内の生活は八週間もいると恐ろしく単調で退屈なものである。お互い顔ぶれがいつも同じで、同じ空間の中から出ることができないからである。したがってこの退屈さを紛らすために、ありとあらゆる試みがなされた。ダーツ、カード、クリベージ、ドミノ、麻雀などのゲームに熱中する者やジムに通う者、ピンポンをする者など……。

東京出港以後の船内生活のエピソードを少し航海日誌から拾ってみる。

出港の時には私の家族と、学生、スタッフなど一〇人くらいの人たちが見送りにきてくれた。日本の参加する大プロジェクトのスタートにはおよそ似つかわしくない、ひっそりとした寂しい中にも思いやりのある見送りであった。南極観測船とは大違いである。このプロジェクトが一般の人々にあまり知られていないためであろう。昔の学生が禁酒とされている「JR号」にむき出しの焼酎のビンを餞別としてくれたのが白日の下にさらされて大爆笑であった。航海中これを隠れ飲みするのが楽しみであった。東京を後に一路南へとひた走る。台風の影響で風が強いのが心配である。

四月二九日夜、国籍不明の船が近づいてきた。どうやら網を張っているようである。ドリルパイプやスクリューに網が巻きついては大変である。船内は動揺し急に緊迫した雰囲気が漂ってきた。私たちが日本の漁船ではないかとブリッジから応対するも返答なし。船長の判断でただちにドリルパイプの引上げが始まった。まるで戦場のようである。不明な船はどうやらジャンク船のようである。漢字なら敵も読めるだろうと、テイラーに頼まれて漢文を書かされる羽目になった。汝何者。何故妨害掘削……堆積学者の西村昭氏の話によると、テイラーはこの文章を持って彼を連れて敵の船に乗り込むことを覚悟したという、西村氏はこのときは肝を冷やしたそうである。

四月三〇日、青ヶ島で掘削中にパトリシア・アン・クーパーが東海サルベージの「若潮丸」に乗って「ＪＲ号」に連れてこられた。クーパーは「ＪＲ号」のクレーンの先についた「唐丸籠」のようなものの中に入れられて日本や諸外国からの郵便物と一緒に「ＪＲ号」に届けられた。地球物理が専門の彼女はハワイ大学のスタッフで、掘削点からの移動中に海底の地下構造を決める任務についた。東京入港の前日、私がワープロで書いた原稿を保存しようとしたら機械が壊れて全部おじゃんになったことがあった。茫然としていると心やさしい彼女は父親が亡くなったばかりであるのに、全部をタイプし直してくれた。

五月五日、端午の節句である。カナダの堆積学者のリチャード・ヒスコットには二人の子供があり、そのうちの一人が男の子であった。日本に長い間いた彼は、子供の日を知っていた。買ってきた紙の鯉のぼりを船に取り付けてほしいと私に頼んだ。鯉のぼりは風を孕《はら》んで見事であった。このとき男性の研究者たちは先を争って新聞紙で兜を作り、漢字の名前を書いてもらってそれを着帽した。私は小さな兜を折ってそれをヘルメットの前面にテープで貼りつけた。

五月一八日、「東海大学Ⅱ世丸」が瀬床島の見物に来た。これは大学の訓練船で一〇〇〇トンに満たない。瀬床島のすぐ脇に来た時には、まるでタグボートが横にへばりついているような光景だった。東海大学の根元謙次氏とキューレーターのクリス・マトーとはハワイ大学の同級生であった。二人はトランシーバーを同調させて長い間旧交を温めていた。一〇〇名近い学生で満ちあふれた「Ⅱ世丸」は世界中の研究者の好奇心の的となった。それはまるで人口過剰の日本の社会そのもののようであった。

毎日曜日には避難訓練が行なわれる。ギロチンの手枷足枷のような救命胴衣をつけ、ヘルメットをかぶり救命艇の下に集まり点呼を受けて、さまざまな訓練が行なわれる。これは一つには本当の訓練であり、一つには長い船内生活で曜日も日付もわからなくなるので日曜日を思い出させる意味もある。訓練の後、天気のよい日に救命ボートで研究者たちを乗せて「JR号」一周観光船ツアーがもたれた。私たちの番の時、船の人のサービス過剰で「JR号」を何周もまわってくれたが、待っている次のグループが業を煮やして、数人が一列に並んでいっせいにパンツを下げて尻を見せたこともあった。

研究者たちは首席研究員とは違って、仕事以外の時間は天気がよいと屋上で日向ぼっこを日課にしていた。ポルトガル人はドミノに興じ、イギリス人はカードにふけり、日本人は木製の手作りの麻雀牌で卓を囲んでいたりする。その他の人々はダーツに興じたり、ジムで運動をして汗を流したり、映画を観たりして一日を送っている。

毎日の船の食事はポルトガル人の腕利き料理人のまかないであったが、私にとっては耐えがたいものだった。しかし、心のやさしい料理人によってイタリア料理の日やフランス料理の日、バーベキューの日などがもたれた。研究者のリックとファースはヴァイオリンとマンドリンの名手である。食堂では彼らの演奏会がしばしば開かれた。

ニュージーランド人のアイチソンは日本に何度も来ており、とても日本語の上手な微化石の専門家であったが、化石があまり出現せず、いつも暇でナマケモノというあだ名が付いていた。彼はいつもガラパンにボロボロのゴムぞうりをパタパタさせながら歩いていたので「そのぞうりはすりきれてきたないね」と言うと、「ごみぞうりと言うんだよ」と日本語で洒落られてしまった。また、空の酒ビンが船長や医者に見つかって「これは何だ?」と詰め寄られた時も、平然と「そ、それは水ですよ」とうそぶいて日本人をかばってくれた。

三万年ごとの海底の巨大な噴火

東京の南に連なる伊豆・小笠原弧のほとんどは海底火山からなり、海面上に顔を出している島が少ないため、私たちは火山活動の記録についてあまり多くのことを知らない。大島では一九八六年三原山が噴火し全島民が避難したことは記憶に新しい。鳥島では一九〇二年に大噴火が起こり島民一二五名全員が死亡し、今では無人島になっている。一九五二年に起こった明神礁の噴火では海底の噴火について多くの知見が得られたが、地質学者の田山利三郎を含む三一名が殉職した。また一九八九年には伊豆半島伊東沖の手石海丘で海底噴火が起こっており、今なお人々の記憶に生々しい。

私たちが伊豆・小笠原の掘削で最も驚いたことは、火山フロント付近での掘削孔で、数百mもの厚さに達する軽石の層が五枚も出てきたことである。須美寿島の西側には須美寿リフトと呼ばれる平均水深二二〇〇mの凹地地形が認められる。その中で二点が掘削された。表層から軽石をともなう土石流堆積物が次々と確認された。土石流堆積物は、陸上では地滑りによる堆積物であるが、海中では大小さまざまな礫や砂が海底斜面を一気になだれ下ってたまる堆積物であり、地震、津波、火山噴火などが引金になって起こることが多い。軽石を含む堆積物は、十和田火山など大きなカルデラを作る巨大噴火をともなっていたことで知られている。したがって、これは海底噴火の化石である。土石流堆積物中に含まれる微化石の年代から、これらの巨大噴火の年代を求めると、その一つ一つが約三万年の間隔をおいて起こったことがわかった。須美寿リフトの中の軽石は、いったいどこからやって来たのだろうか。その厚さや周辺の地形や地質から考えると、すぐ東にある須美寿島そのものか、須美寿島の南に位置する第三須美寿海丘である可能性が高い。須美寿リフトで私たちが掘削した軽石層は、今まで知られているどの噴火よりも規模も大きく壊滅的であったことを物語っている。このような想像を絶する巨大噴火がほぼ三万年の間隔で起こっていたということは、これからの伊豆・小笠原弧の火山活動を知るうえできわめて重要な発見の一つであった。

島弧が割れる

さらに掘り進むとよく発泡した玄武岩に出会った。これは西洋のお菓子の「ムース」によく似ているのでムースというニックネームで呼んだ。ある日、私が昼間のシフトで顔を洗ってラボに行くと西洋菓子のムースの作り方の本がコピーされていた。

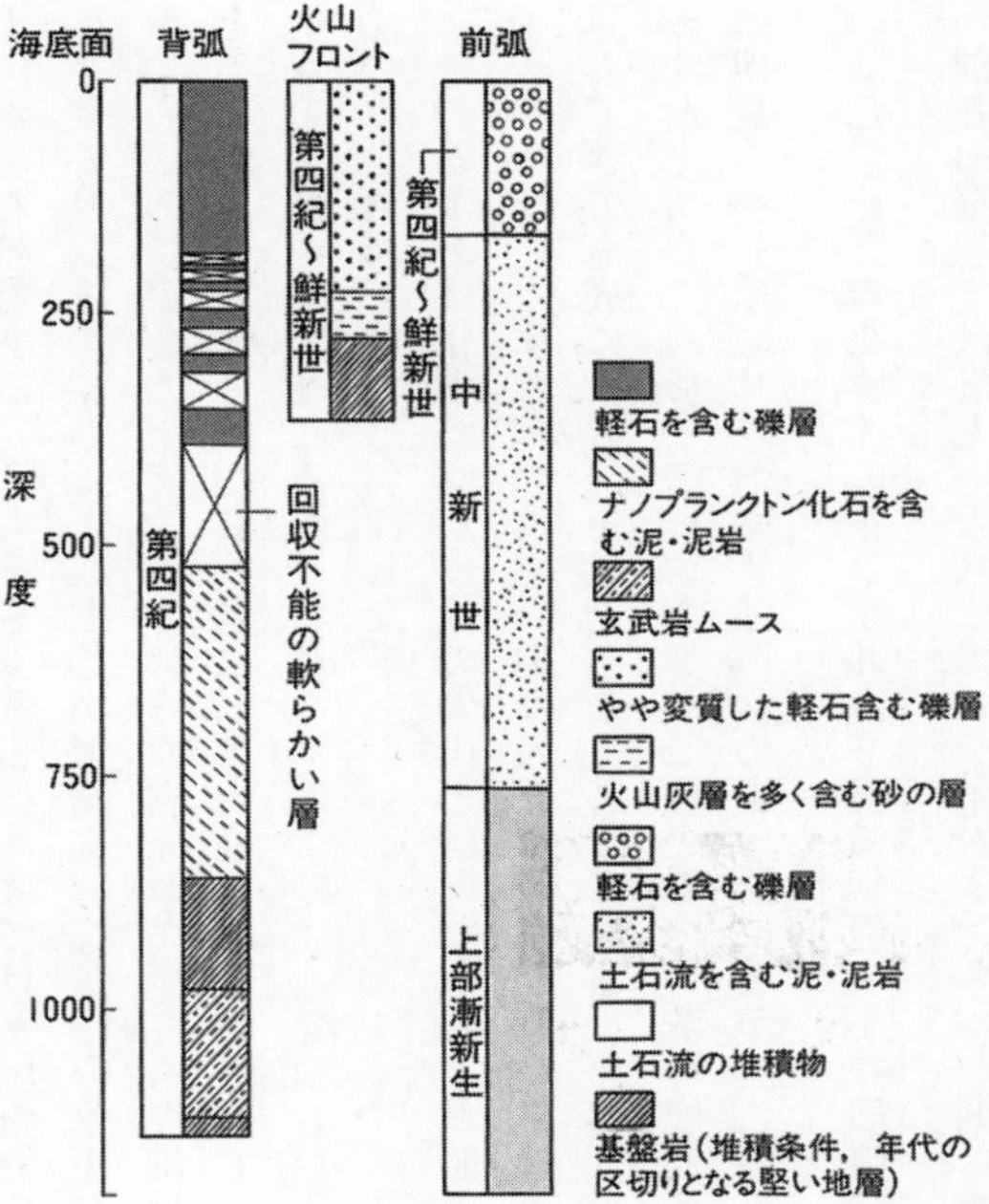

伊豆・小笠原弧の掘削で得られた岩相柱状図

毎日研究者が新しいことを思い付いたり、いたずらをするので今度は何かと思えばムースだったのである。そもそも玄武岩は海底では水圧のためにあまり発泡しない。この須美寿リフトの深さは二二七〇mで約二三〇気圧の水圧がある。このように水圧の高いところでは、たとえマグマに水が含まれていても発泡はしないのが普通である。ところがコアで得られた玄武岩は、きわめてよく発泡していた。黒いのでチョコレートムースといったところか。われわれはこのよく発泡した玄武岩は、もともとたくさんの水を含んでいたと判断した。

このムースは化学組成が島弧の火山とは異なることが船上の分析でわかった。島弧の火山でないとすればいったい何なんだろう。どうやら地下の深部からマグマが突っ込んできて海底に玄武岩をもたらしたようである。マントルの深部から新しいマグマが上昇してきて島弧を二つに引き裂こうとしているのである。その最初のステージでは伊豆・小笠原のリフトや背弧海盆のようなことが起こるらしい。

五〇〇〇万年のタイムトンネルから見る伊豆・小笠原弧の発達史

前弧の掘削では最大一六八二mのタイムトンネルが掘られた。図では識別できないがここでは軽石を含む噴出物や火山灰がたくさんでてきた。ここ五〇〇〇万年くらいの間、伊豆・小笠原弧のいたるところで噴火活動が起こっていたこと、同時に大島にあるような黒っぽい玄武岩の噴火も起こっていたのである。しかし一五〇〇万年前―五〇〇万年前くらいの間、伊豆・小笠原弧は火山活動のほとんどない静穏《せいおん》な島弧であったこともわかった。今から三〇〇〇万年前には、今の火山の列の東側に今の伊豆・小笠原と同じくらいの規模の島弧が形成されていた。この島弧は約五〇〇〇万年前の海底の火山活動に始まって膨大な量の火山噴出物を供給し、四〇〇〇mの海底から一気に海面近くにまで成長してきた。この間の火山活動は最近五〇〇〇万年の間に起こったものよりもはるかに凄まじい。この火山岩は、その化学組成や鉱物の成分が特徴的で無人岩と呼ばれており、現在も小笠原諸島父島付近に残っている。この火山活動にともなって、やはり土石流堆積物が生じた。植物の破片や浅い海に棲んでいた貨幣石の化石がその中に含まれている。そして、これらの堆積物を貫く砂の脈や昔海底に棲んでいた生物の活動の跡が美しく保存されている。伊豆・小笠原弧の掘削で得られた試料を図に示した。

マリアナ島弧―海溝系の性質――シーマーク調査より

伊豆・小笠原の南には小笠原海台をはさんでマリアナ海溝がつながる。このマリア

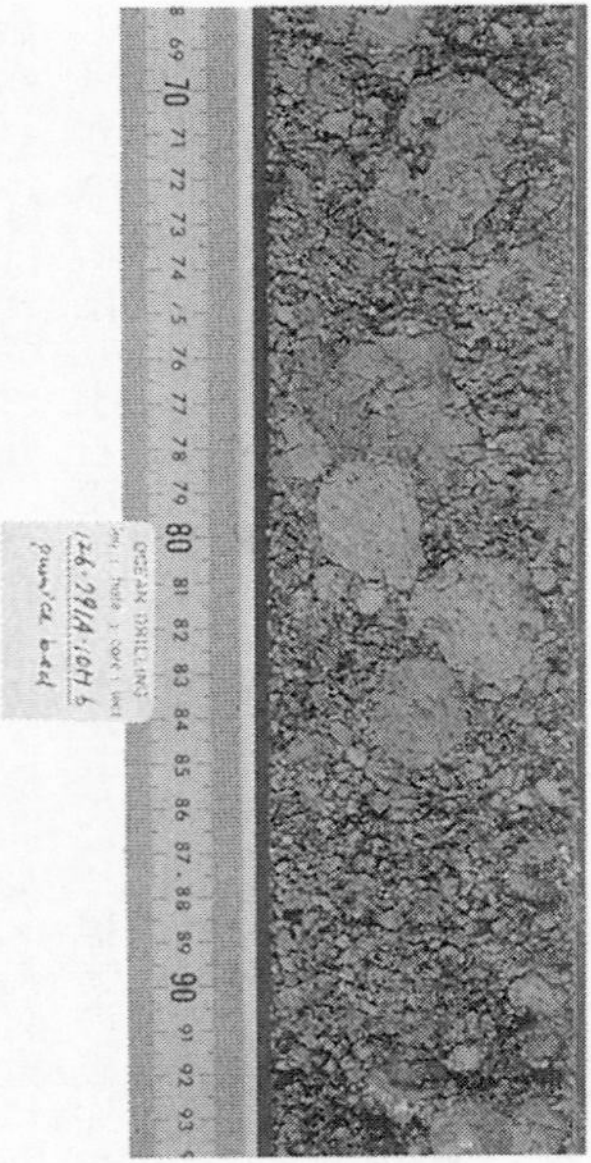
巨大噴火の跡を示す軽石の層

ナの島弧―海溝系を眺めてみよう。海溝の海側斜面には顕著な地塁・地溝構造が発達するほか、巨大な海山群が海溝へさしかかっている。海溝自身は小笠原海台によって伊豆・小笠原海溝と分けられるが、水深はきわめて大きい。またマリアナ海溝は、太平洋のほうへ大きく弓なりに張り出しているのが特徴である。この張り出しに沿って三列の高まりが並んでいる。前弧には海溝の軸のすぐそばに巨大な海山が並んでおり、火山フロントは海徳海山から北硫黄島、硫黄島、南硫黄島という具合に連続的につながるように見える。マリアナトラフをはさんで西には西マリアナ海嶺が並んでいる。

マリアナトラフは水深四〇〇〇mを越す背弧海盆である。東の端には火山フロントに斜めに交差するチェーンになった小さな海丘が並んでおり、その延長は西マリアナ海嶺に斜めに交差する小さな海丘に連続する。

一九八一年にマリアナ海溝では、ハワイ大学のグループが「カナケオキ号」を使って調査を行なっていた。このときは「シーマーク」というサイドスキャンソナーを使って海底の凹凸を詳しく調べていた。サイドスキャンソナーとは、音波を横へ出して音源から海底までの距離を測り、その深さや音波反射率からどのような岩石があるのかを調べる機械である。このときには海溝の軸部に近い地域から多くの巨大海山が発見された。彼らは航海の後、日本にやって来てその結果について講演をした。地震研究所での講演を私も聞きにいった。そのときの印象は次に述べるようになんとも変であった。その後、「カナケオキ号」を東京の晴海埠頭に見学に行った。このときにデータを見せてもらったが、見事な海山で、その海山の頂上から曲がりくねった反射率の高い帯のようなものが放射状に分布していることが明らかになった。後になってこれが蛇紋岩のフローであることがわかった。

プレートテクトニクスによれば、沈み込むプレートは地球の内部へ入ってゆくが、マグマが発生するのは海溝の軸から水平に一〇〇㎞も離れた地域で、そこには火山フロントが形成されている。もしマリアナ海溝の海溝軸部にある海山が火山活動でできたものであるとしたら、プレートが沈み込む場所で反対にマグマが上ってきていることになる。いったいプレートテクトニクスはどうなるのであろう。一時はプレートテクトニクスがピンチに追い込まれた。しかし、これはすぐにドレッジで得られた岩石によって火山活動の産物ではないことがわかった。ところが今度は、カンラン石や蛇紋岩という上部マントルを構成していると考えられる岩石が大量に得られたのである。何かここでは上部マントルの物質が地表へと出やすい条件があるのだろうか。

フライアーたちは海溝軸部の特徴的な海山に特有の名前を付けた。一つはコニカル海山である。この海山は等深線が同心円的で、形が円錐形に近いのでこのような名前で呼ばれた。もう一つはパックマン海山である。これは円錐形でも海山の東側が大きく壊れていて、その形がまるで当時はやっていたゲームのパックマンのようであるというのである。

もうひとつ忘れてならないのがグアム島の南にあるチャモロ海山である。この名前のいわれは聞き忘れてしまったが、たぶんグアムに住む先住民であるチャモロ族の名前を取ったのであろう。形は普通の海山である。ところがこの海山からは生物群集が見つかったのである。

マリアナ海溝の深海掘削

マリアナ海溝域の掘削はＩＰＯＤの第六〇節とＯＤＰ第一二五節で行なわれた。前者は一九七八年で後者は一九八九年のことであった。当然この一一年の間に蛇紋岩海山が大きなテーマとして加わってきたことは言うまでもない。第六〇節ではその前の五九節とも連動してマリアナの島弧から背弧までの横断掘削が行なわれ、海溝の形成の歴史が明らかにされた。第六〇節では上田誠也氏とハワイ大学のハッソンが共同首席研究員で、中村一明氏も乗船研究者として乗り込んでいた。マリアナではまずパレスベラ海盆が今から三〇〇〇万年前から一七〇〇万年前に拡大してその後マリアナトラフが約六〇〇万年前から拡大が始まったことが明らかにされた。海溝の海側斜面には古いジュラ紀の海洋地殻が存在することがわかったが、この上にたまるはずの堆積物がほとんどないことがわかった。このように堆積物がたまらない状態をハイエタスと呼んでいる。この地域で最大のハイエタスはジュラ紀の上に第四紀の堆積物が直接乗っているものである。したがってジュラ紀の堆積物がたまった後、第四紀まで約一億四〇〇〇万年の間、堆積物はその上にはたまらず、いったいどこに行ったのであろう。このような大きな間隙をグレート・パシフィック・アンコンフォミティと名付けている。太平洋大不整合とでも言うのだろうか。

第一二五節では蛇紋岩の海山の掘削が行なわれ、掘れども掘れども蛇紋岩からなることがわかった。そしてこの蛇紋岩の中から低温で高圧の状態で変成作用を受けた変成岩が見つかった。それはヒスイ輝石と石英が安定に共存する岩石で、このような岩石は地下三〇㎞くらいの深さからもたらされたことがわかった。伊豆・小笠原の鳥島海山でも掘削が行なわれ、同様の蛇紋岩が得られている。

物理学者中谷宇吉郎は雪の研究で有名である。彼は寺田寅彦のまな弟子であり、北海道の大雪山で雪の研究を行ない、雪の結晶の形やその生成条件を明らかにした。現在の低温研究所の基礎を作った。彼の有名な言葉に「雪は天からの手紙である」がある。

マリアナ海溝で発見された蛇紋岩はその言い方にならうと、「蛇紋岩は地下からの手紙である」ということになる。なぜならば蛇紋岩は地下深部の上部マントルを構成すると考えられているカンラン石が変質し、地表へもたらされたものであるからである。そして蛇紋岩の中には上部マントルの温度や圧力の条件下で安定であった鉱物の組み合わせが残っており、それが蛇紋岩の中に含まれているからである。われわれはその手紙を読むことによって地下深部の情報を知ることができるのである。手紙の内

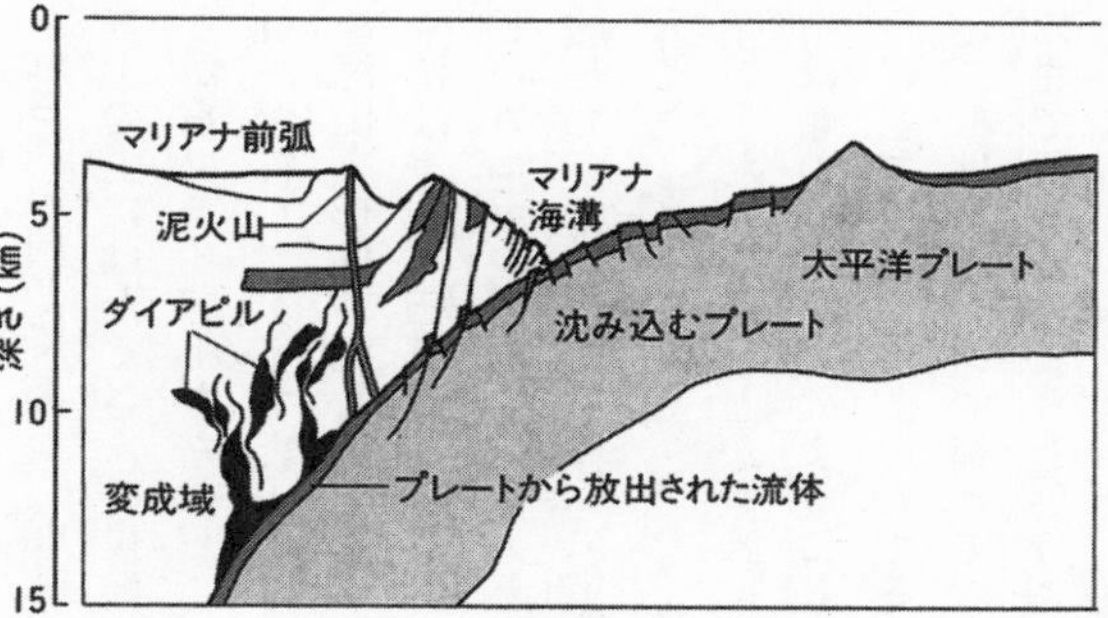

マリアナ海溝に沈み込むプレートと上昇する蛇紋岩フロー（Fryer, 1992による）

容はカンラン石の化学組成や低温で高圧の変成作用を受けたヒスイ輝石などである。実は、まださらにさまざまな贈り物が含まれている可能性があり、今後の研究の課題となっている。

蛇紋岩の泥火山

パックマン海山とコニカル海山ではアメリカのハワイ大学のグループによって潜航調査が行なわれた。

コニカル海山では一九八七年に潜水調査船「アルビン」が合計八回の潜航を行なっている。これは深海掘削のための事前調査でもあった。潜航調査によってわかったことは、サイドスキャンソナーで見られた海山の頂上から八方へと広がる曲がりくねった筋は蛇紋岩のフローであり、これは泥火山（泥が火山の噴火と同じように地下から噴き出してできた火山のような形をした山で、バルバドスやパキスタンに多く知られる）と同じである。蛇紋岩フローの中にはカンラン石が含まれること、蛇紋岩フローの上にはたくさんの炭酸塩チムニーが林立していることがわかった。これらのことからフライアーたちは、この蛇紋岩フローが地下三〇㎞の上部マントルのカンラン石が変質してダイアピル（浮力によって上昇してくる上昇体）として上昇し、このような海山を形成したと考えた。

私は一九九三年に日米共同の航海の首席研究員として「しんかい六五〇〇」で潜航し、コニカル海山に日本人として最初に登頂した。この航海にはフライアーたちも乗船していた。彼らが作った海底地形図を手がかりにして潜航しようとしたところ、「よこすか」では当然マルチナロービームによる地形図を作るが、その地形図とフライアーたちのそれとが微妙に異なった。実はこのようなことはいつも起こる。その理由は船の位置をどのようにして決定するのか、そしてその精度の問題、水深をどのようにして測るのか、そしてその精度などさまざまな要素がある。ともかく地図の違うところは私のカンで補って、海山の西側から潜航しはじめ炭酸塩チムニーのあるところまで行ってみようということにした。日本では蛇紋岩海山に潜航した例がないので、まずアメリカから学んでそれから新しい一歩を踏み出そうという態度であった。

最も古い海底のチャート（小川勇二郎撮影　©JAMSTEC）

降り立った場所はまるで山奥の林道のような風景であった。両側が切り立った急崖で幅七―八mのまっすぐな道路のような平坦な面が続いており、その表面にはリップルマーク（砂紋）が発達していた。そして切り離したバラストが、海底に大きな孔をあけてもうもうと土煙を吐いているのに出くわした。それはまるで隕石が地球に衝突してできたクレーターのようであった。面白かったのは四角いバラストが落下してあけた孔でも丸いということ、飛び散った泥がまるで隕石の衝突の時に孔から高速で飛び出す噴出物のようであったことである。着底点から見下ろすと、ちょうどフローの流れ下ったような筋が観察されたので、いったんそこまで降りることにした。斜面を降りた平坦な場所で、幅二m程の少し盛り上がった地形をした蛇紋岩のフローを目の当たりにした。表面には二cm程の球形をした泥が舞い上がっていた。どうやら生物の糞のようである。

この地点から東へと山を登っていった。蛇紋岩フローのいい露頭が見つかったので詳しく観察しサンプリングを行なった。フローの幅は四m程で高さは三m程もあった。これが山の頂上方向から流れ下っているのである。泥火山はぺっちゃんこであまり盛り上がった地形を形成しないが、蛇紋岩フローはずいぶん盛り上がっている。このことからフローはかなり粘性の高いことが想像される。よく見ると大小さまざまなカンラン石が、薄黄緑色の蛇紋石の泥にはさまっているのが観察された。さしずめブドウ入りのメロンパンのようなものであった。大きいものでは直径二m以上もある巨礫である。そこからさらに上に進むと海底にそりの跡のようなものが観察された。私はこれが七年前に来たアメリカの潜水調査船「アルビン」のそりの跡であろうと思った。もしそうなら、この跡をたどって行けばついに炭酸塩チムニーに行き着くだろうと思った。

炭酸塩のチムニーの森

私の想像はあたっていた。まず孤立したチムニーが見つかった。高さ三〇㎝くらいの小さなチムニーであった。さらに石英を含んだきらきら光るシリカチムニーも見つかった。圧巻はおびただしい数の炭酸塩チムニーがまるで森林のように並んでいるのに出くわしたことである。フライアーたちは「グレーブヤード」という名前を付けている。なるほど、西部劇を見ていると十字架のマークをした木を立てて墓標とするし、有名な「ＯＫ牧場の決闘」ではツームストーンがこのような風景であったなあと思った。チムニーは背の高いものでは三ｍ以上もあった。中には根元に黄緑色をしたコケのようなものが付いているものもあった。写真を見てもその部分が緑色で他と明瞭に区別できる。おそらくこれがバクテリアマットであろう。そしてこれらのチムニーに特有の生物群集が見つかるだろうと思った。

そもそも炭酸塩のチムニーはどうしてできるのだろうか。海水は炭酸塩に関しては不飽和で、炭酸はいくらでも海水に溶けるのである。たとえば海洋の表層に漂う炭酸塩の殻を持つプランクトンは死ぬと海水中をゆっくり落下する。少しずつその殻は海水に溶け、ついにはなくなってしまう。生物の遺骸の海底への供給の速度と炭酸塩の殻の溶ける速度が一致する深さを、炭酸塩補償深度（ＣＣＤ）と呼んでいる。さて鳥島海山もコニカル海山も限りなくＣＣＤに近い。そうだとすれば炭酸塩の供給源は海

林立するチムニーのひとつに巨大なイソギンチャクが着生していた（藤岡撮影　©JAMSTEC）

水中にはなく地下深部にありそうである。もっとも考えやすいのは地層の中に含まれる間隙水で、その中にメタンのようなガスが含まれていると、それが酸化することによって炭酸塩ができる。これは一つの可能性であるが炭素の起源が同位体の研究などから決定される必要がある。このことはまだよくわかっていないが、これからの大きな研究テーマである。

　このグレーブヤードの発見では一九八七年の潜航の時に特に誰も騒いでいなかったが、巨大なイソギンチャクがチムニーにへばりついていたのである。私はフライアーたちの論文に付いていた写真からそのことを知っていた。今回の潜航で驚いたのは、それと同じイソギンチャクが確認できたことである。写真を比べて見るときわめてよく似ていることがわかる。もしこれが同じイソギンチャクだとすれば、それは最低六年間生きつづけていたことになる。つまりこれだけ大きなイソギンチャクが生息できるための餌が充分にあったことになる。その餌がどこからどのようにして供給されたのかは謎である。

隆起するグアム島

マリアナというとグアム島を思い浮かべる人が多いであろう。最近では日本人の観光客が大量に押し寄せている。グアム島は古い火山とサンゴ礁の島である。島の北端の恋人岬は急崖であるが、その上は平坦な地形をしている。これはサンゴが海面に近いところにあった時に侵食されて平坦になったものである。しかし現在、このサンゴは海抜約一二〇mのところに分布している。このことはグアム島が徐々に隆起していることを示している。

通常火山島は、ダーウィンが示したように火山活動が終息すると沈降する。しかしマリアナの前弧にあるグアム島は隆起している。これは何かの力がグアム島を持ち上げているからである。これは物質の密度の違いによる自然上昇（アイソスタティックな上昇）かテクトニックなものか、いずれにしても異常な現象である。実は同じようなことがほとんどどこの島弧でも起こっているのである。東北日本の北上高地や阿武隈高地、小笠原諸島、琉球の喜界島などである。

沈み込み帯の元素の循環

マリアナの火山は硫黄島から南へとつながっている。アナタハン、アグリハン、パガンなどである。これらの火山は海洋の真中にできた島弧（海洋性の島弧）の火山である。島弧の火山は、スラブから放出された水が上部マントルのカンラン石の融点を下げ、これが部分融解することによってできることが多くの日本の岩石学者の研究によって明らかにされている。マリアナでは大陸の地殻などの影響がまったくないために、スラブの沈み込みによって沈み込み帯に持ち込まれた物質の循環を研究するのに最も適した地域である。たとえばパガンなどでは希土類元素などが他の島弧とは異なることがわかっている。それはスラブによって持ち込まれた遠洋性堆積物の影響であると考えられている。

またベリリウムという元素、特にベリリウム―テンは空気中の窒素や酸素に宇宙線があたって形成され、主として雨となって地表や海に落ちてくる。ベリリウム―テンは約一五〇〇万年の半減期を持っているため、この元素の循環を調べることによって、沈み込み帯の地下で起こっている元素の循環の実態を明らかにしようという試みがジュリー・モリスらによって行なわれつつある。グアムはアメリカのテリトリーであるため、多くの研究者が観光やリゾートも兼ねて研究にやって来る。日本も観光以外に研究をもっと進めたいものである。火山の西には三日月形をしたマリアナトラフが分布している。これは海底の大温泉であるが、これについては第四章に述べる。

コーヒーブレイク――海底地形名委員会

海底の地形にどうやって名前を付けるのかは一般の人や研究者にもあまり知られていない。これは海上保安庁海洋情報部が管轄している。一年に一回、委員が集まってあらかじめ提案されていた地形名の説明があった後、承認し新しい海底地形図に書き込んでゆく。この委員会は水路部長が議長になり学識経験者を集めて検討する。現在委員は地質調査所、大学（東京大学海洋研究所）、学会、海洋科学技術センターなどの研究者が委員になっている。私は東京大学の頃からこの委員であった。そして現在も引きつづいてこの委員をやっている。今までに三陸海底崖、房総海底崖、紀南海底崖などの海底崖や坂東海盆などいくつかの地形に名前を提案して認められている。

一般的には発見した地形に一番近い陸の地名や発見した船の名前、発見者などが冠される。しかし適当な名前がなかったり、まとまった数の同じような地形がある場合は特殊な名前が冠される。たとえば伊豆・小笠原の七曜海山は月曜から日曜までが海山の名前になっている、また元号が名前になっているところもある。アメリカでは科学者の名前を冠したりしていることもある。

伊豆・小笠原ではわれわれの提案した合成地形名が海底の地形名になった。当時の水路部長岩淵義郎氏からお褒めの言葉をいただいたことがある。しかし逆にどうしても通らない、にらまれた地形名もある。それは相鴨《そうおう》トラフである。これは房総半島の南にほぼ東西に分布するトラフである。相模と鴨川が合流するために両者の名前を取って相鴨トラフとして提案したが、当時の水路部長がどうしてもだめであるとしていまだに認められていない。しかしすでに論文に書かれているので、多くの人がこの地形名を用いている。

第三章　深海から見た西日本列島

——若いプレートが沈み込むところ

フィリピン海プレートの生まれたところ

前章では年代の古いプレート、太平洋プレートの沈み込むところの地球科学的な現象を見てきた。今度は若いプレートの沈み込むところを少し眺めてみよう。西日本の南にはフィリピン海と呼ばれる海洋が広がっている。正しくは西太平洋であるが、われわれは「フィリピン海」と言うほうがわかりやすく言いなれているので、本書でもこの呼び方を用いる。フィリピン海プレートは古第三紀から拡大を開始し、今から約一五〇〇万年前に拡大を停止したと考えられている。フィリピン海プレートは大きく五つの部分に分かれる。まずその真中に九州・パラオ海嶺（古島弧）が走っていて西と東に分けている。西半分は北にある三角形の部分で奄美海台、大東海嶺、沖大東海嶺などを含む一番古い部分と南の、西フィリピン海盆に分かれる。東半分は北にある四国海盆、南にあるパレスベラ海盆および、その東にあるマリアナトラフとに分かれる。これらができた順序は三角形、西フィリピン海盆、パレスベラ海盆、四国海盆そしてマリアナトラフである。太平洋プレートの年代は一番古いところでは約一億六〇〇〇万年前であり、それに比べるとフィリピン海プレートは半分以下の年代である。この年代の差はたとえばプレートの厚さ、温度などに現われる。したがって、プレー

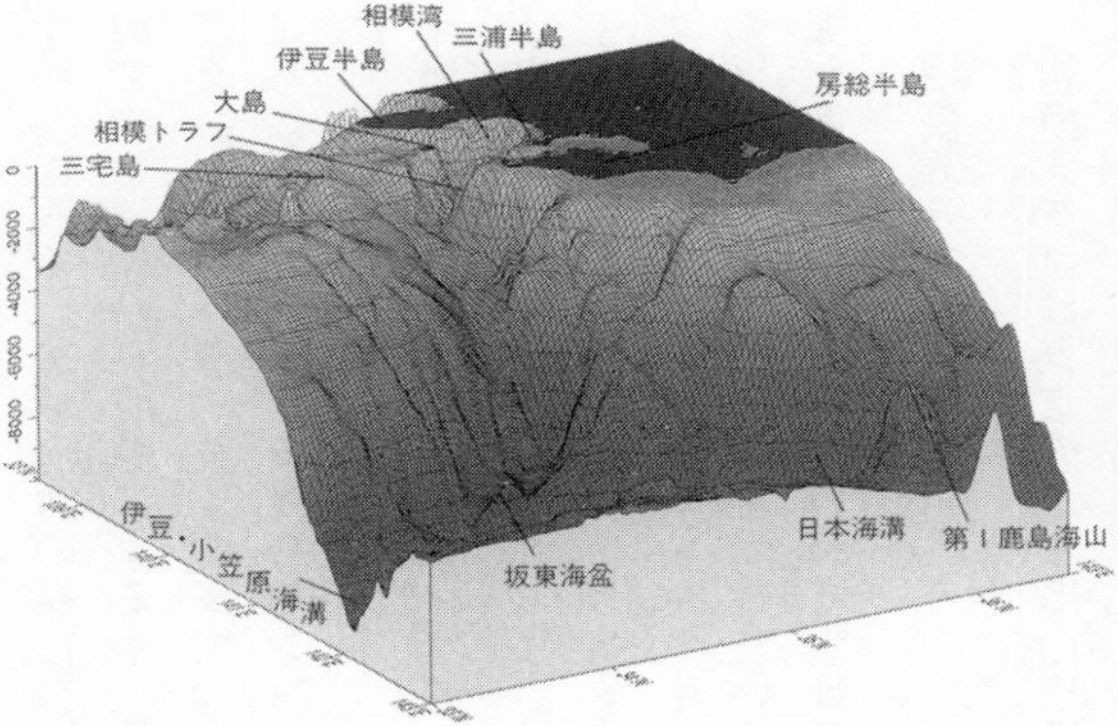

鯨瞰図・海溝三重点（© 富士原敏也）

トが沈み込む時にこの差がどのように反映されるのか、以下この章で考えてみたい。

フィリピン海プレートの沈み込むところ

フィリピン海プレートが沈み込むところは、北から反時計まわりに見てゆくと順に以下のようになる。まず相模トラフから始めよう。これは日本海溝、伊豆・小笠原海溝と交わって海溝三重点を形成している。相模トラフは相模湾の中へ入り、そしてその延長は何と陸上に上がってゆく。国府津《こうづ》—松田断層がそれにあたる。プレート境界は、ほぼ陸上のＪＲ御殿場線に沿って走っており、西へは駿河トラフへとつながる。駿河トラフはほぼ南北に伊豆半島の先端くらいまでつながり、そこから南西に向きを変えて南海トラフへとつながる。南海トラフは四国の沖で九州・パラオ海嶺にぶつかるが、今度は琉球海溝へとつながってゆく。琉球海溝の端は台湾である。ここでは島弧の衝突が起こっている。台湾で少し境界が不明瞭になるが、境界はフィリピン海溝へとつながる。これは赤道を越えてハルマヘラのすぐ北までつながっている。フィリピン海プレートの沈み込むところは以上である。フィリピン海プレートの南端はちょっと複雑でプレートの境界に関してはさまざまな意見がある。プレートの境界はさらにアユトラフから北へとパラオ海溝、ヤップ海溝そしてマリアナ海溝、伊豆・小笠原海溝へと戻る。

このようにフィリピン海プレートの沈み込むところは、アジア大陸の前面に張り出した日本列島の西半分に沿っている。したがって日本列島を全体として見た時に西日本は主としてフィリピン海プレートの影響を、伊豆半島よりも東の東日本は主として太平洋プレートの影響を受けているという違いがある。関東地方は伊豆・小笠原の島弧が衝突しており、きわめて複雑である。

相模トラフの特徴

相模トラフは東京湾から出た相模湾の真中に存在する。正しくは相模湾を出て東南東へ海溝三重点にまで蛇行しながらつながる。ここでは相模湾の中に見られるいくつかの重要な地球科学現象を見てゆく。相模湾の海底地形は、伊豆半島の東側斜面を含む西部、相模トラフを含む中部、および沖ノ山堆列を含む東部に大きく三区分することができる。

相模湾西部には以下の地形的な特徴が認められる。それらは、伊豆半島の東につながる急斜面と、その東に発達する堆積物に覆われたゆるやかな斜面である。これらの斜面の傾斜は水深一一〇〇m付近の裾野で急激に変化するが、傾斜変換点付近の海底には断層が走っている。これは、神戸大学の石橋克彦氏によって伊豆東方線とか西相模湾断裂とか呼ばれている構造線である。構造線に沿ってシロウリガイの群集が線状に発達している（初島群集）。斜面には傾斜に沿った小さな谷、必従谷をなす海底谷が発達しており乱泥流や土石流が斜面を下っていると考えられ、さまざまな規模の陸地がはぎ取られて下っていった流山が認められる。相模湾西部の地形的な特徴は、沈み込み帯のない大西洋型の非活動的縁辺域によく見られる地形を呈していることである。

相模湾の中部には水深の大きい相模トラフが、ほぼ北北西—南南東ないし、北西—南東方向に走っている。トラフ底を埋める堆積物は厚く、主としてタービダイト（乱泥流堆積物）からなり、音波探査の断面で見ると二秒以上（約二km以上）の厚さがある。

相模トラフはフィリピン海プレートと東北日本プレートとの物質境界になる。しかし、現在のフィリピン海プレートの運動の方向は三四〇度の方向であるため、相模トラフに沿っての沈み込みは起こっておらず、沈み込みは主として房総半島の南の相鴨トラフのみで起こっていると考えられている。

相模湾の東部では北西―南東ないし、北北西―南南東に走る水深のきわめて小さい沖ノ山堆列が顕著な構造である。この堆列は北東―南西方向の海底谷によって分断されている。またその西の端は、北西―南東方向の逆断層によって切られたブロック状の構造をした高まりになっている。沖ノ山堆列の頂上は石灰岩に覆われている。この石灰岩は六〇〇〇年前の縄文海進の時に形成されたサンゴ礁である。同時期に形成されたサンゴは房総半島館山の沼という場所にも露出している。

初島と沖ノ山の化学合成生物群集

相模湾の西寄りには初島がある。面積〇・三五㎢の隆起火山島であり、ペルーのフジモリ大統領も訪れている。初島は新第三紀から第四紀の火山岩でできた島で、現在は火山活動はないが隆起しており顕著な三段の海成段丘が発達している。この島の南の海底には化学合成群集のひとつのタイプである冷水湧出生物群集が存在することが明らかになった。一九八四年のことである。

相模湾の地形で説明したように伊豆半島の東斜面の傾斜が変換する地点には断層がある。どうやらこの断層に沿って地下から水が湧き出しているらしい。水の温度は周辺の海底の温度よりわずかに高い。この相模湾断裂に沿って断続的にシロウリガイを主とする生物群集が発見された。水深一一〇〇mの海底にはまったく太陽の光がささない。この生物群集は、体内に共生している化学合成細菌により、海底下のメタンや硫化水素からエネルギーを取り出している。このような生物群集は日本列島の周辺では日仏「かいこう」計画で日本海溝や南海トラフから発見されているが、東京に近い相模湾でも発見されたのである。

沖ノ山堆列の西の裾野の水深一一〇〇mのところには顕著な逆断層が発達しており、シロウリガイやハオリムシを主とする冷水湧出生物群集が分布している。この生物群集の存在は「しんかい二〇〇〇」によって発見されている。沖ノ山生物群集は、逆断層に沿って湧き出してくる水の染み出しによって支えられていると考えられた。

熱川沖の超長大溶岩

伊豆半島の熱川は温泉とワニ園で有名である。熱川の沖には玄武岩溶岩の分布が見られる。最初は海底をソナーで調査し、音波を強く反射する部分が延びていることに気が付いた。カメラでどうやらそれが玄武岩の溶岩であることがわかった。「しんかい二〇〇〇」の潜航による観察やサンプリングによって、これが大島に出てくる玄武岩の溶岩と同じ組成の枕状溶岩で海底を一一㎞にもわたって流れたものであることが判明した。伊豆大島の噴火の歴史は中村一明氏によって詳しく調査されたが、その一連のものが海底の長大溶岩となって流れていたことがわかったのである。

海底を長距離流れる溶岩は海嶺などの拡大軸に多く見られる。それらは一般にハワイの溶岩同様きわめて粘性の低い玄武岩である。島弧の溶岩はそれとは違って安山岩質のものが多く、時として爆発的な噴火をする。粘性の低い溶岩はそれほど多くは知られていないし、ましてや海底を一一㎞も流れた例は初めての発見であった。現在では詳しい分布や表面構造、化学組成、そしてどうやら一回の溶岩流出活動の結果によるらしいことなどが明らかにされている。

海底の地滑り跡

東京湾が相模湾にそそぐところには東京海底谷が発達している。今から一万八〇〇〇年前の海水準低下期には実は東京湾は存在しなかった。旧石器時代の人たちは三浦半島から房総半島まで歩いてゆけたのである。旧利根川（現在の利根川は江戸時代に付け替えられて太平洋にそそぐ）の延長である古東京川が流れていた。この古東京川はそのまま相模湾で東京海底谷につながる。海底地形図を見ると、東京海底谷は著しい蛇行を繰り返しながら相模トラフへとつながっている。この海底谷は周辺の地層を侵食している。その断面は海底地滑りの跡が生々しい。「しんかい二〇〇〇」によってその断面が観察されている。断面には写真に示すように大小さまざまな角張った巨礫を含む礫層が見られる。これは巨大地震などによる振動で斜面が崩壊し地滑り、土石流になったものと考えられる。この地域には後に述べるように頻繁に地震が起こっている。

フィリピン海プレートの沈み込みによって起こる関東大地震

首都圏東京を襲った大きな地震には関東大地震、安政の江戸地震、元禄地震など、ここ二五〇年ほどの間に大きな地震が三回起こって、首都圏が壊滅的な状態になった。まず古いほうから見てゆくと、元禄一六年（一七〇三）一一月二三日房総沖を震源とするマグニチュード八・二の地震が起こった。その四年後の一七〇七年には富士山の宝永の噴火が起こった。このときの記録が新井白石の著した『折たく柴の記』に詳し

相模湾海底谷の海底地滑りの跡（ゲーリー・グリーン撮影　©JAMSTEC）

い。地震の震度は江戸では五―六、三浦、房総半島で七、震源は房総半島の南の相模湾であると推定されている。小田原では被害がひどく、房総半島でも最大四m隆起している。また犬吠埼から下田にかけての広い範囲にわたって津波が襲っている。それから一五〇年ほどたった安政二年（一八五五）一〇月二日には、安政の江戸地震が起こっている。ペリーが浦賀にやって来た幕末の動乱の時代である。この時期は日本列島に地震がきわめて多く、石橋克彦氏は最近の兵庫県南部地震の状況とよく似ていることを指摘している。江戸地震はいわゆる直下型地震で江戸の本所や深川などのいわゆる下町は壊滅状態であった。そして一九二三年九月一日の正午になろうとしている時、関東大地震が勃発した。安政以来六八年後のことである。作家吉村昭の小説『関東大震災』はこのときのことを詳しく述べている。中でも被服廠で起こった竜巻などの惨事は、読んでいて気持ちが悪くなるほどリアルであった。

またこの小説は日本の地震学の進歩を知るうえでもきわめて興味深い。この地震は近代的な地震観測が始まっているにもかかわらず震源がいくつも求められている。津波も起こっているが、火災やその他の被害があまりにも大きいため、他の被害のことがあまり話題に上っていない。これらの地震はすべて相模トラフでのフィリピン海プレートの沈み込みに関係がある。地震と火山活動との関係は元琉球大学の木村政昭氏によって、大島の噴火と相模トラフで起こる地震の関係、小田原地震の規則正しさと関東大地震との関係が石橋克彦氏によって唱えられている。特に小田原地震の勃発の間隔は七三年プラス、マイナスxのきれいな直線に乗る。今、人々が最も懸念するのは後述する南海トラフに沿って起こるであろう地震である。特に御前崎沖の南海トラフは地震の空白域であり、将来ここに地震が起こるのではないかと言われている。すでに東海地震という名前まで付けられている。

首都圏で地震の観測を行ない、地震の予知に貢献するような精度の高いデータを得ることはもはや難しくなっている。それは首都圏のあまりにも急速な成長のためである。高層ビル群、何層にも交差する地下鉄、高速道路網、あふれる車と人、地下深部まで含めて地震観測の妨げになるものばかりである。しかしできるだけ早く地震の観測網を整備しなければ、神戸以上の大惨事になることは明らかである。

強い流れを持つ駿河トラフ

駿河トラフは相模トラフの延長である。陸上のJR御殿場線に沿って続いてきたフィリピン海プレートの境界は富士川から海へ駿河トラフへと続く。駿河トラフはほぼ直線的に分布する谷であるが、狭い峡谷状の地形とそれによってせき止められたダムの人造湖のような地形を呈している。峡谷状の地形はゴージ（のど仏）と呼ばれ、松崎の沖や安良里の沖に見られる。富士川の河口からわずか六〇㎞の石廊崎の西沖で二・五㎞の比高を持つ。したがって河川の氾濫などで運ばれる土砂は勢いよく海底を流れ下る。実際、駿河トラフの潜航ではマリンスノーがとても多い。このトラフはフィリピン海プレートとユーラシアプレートとの境界である。ゴージではまさに二つのプレートが接して互いにきしみあっている。駿河トラフは、北緯三四度で向きを急激に南西に変えて南海トラフへとつながってゆく。

駿河トラフの海底に強い流れがあることは、「しんかい二〇〇〇」や「しんかい六

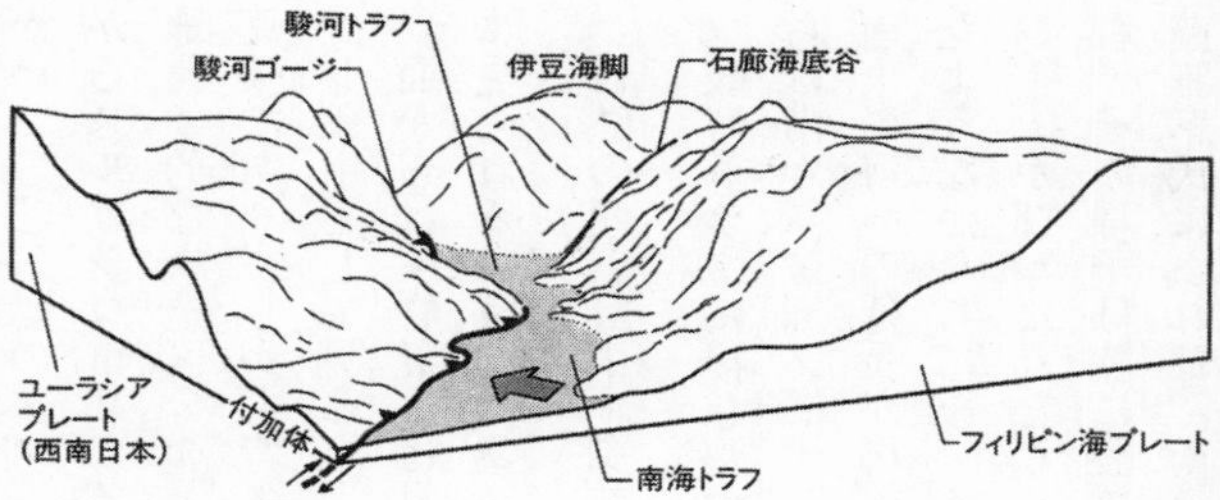

駿河トラフの鯨瞰図

五〇〇」の潜航によって、しばしば潜水調査船が進まないほどであったことからわかっている。砂漠では強い風が吹くと砂の表面には美しい風紋が残る。海底で流れがあると同じようにリップルマークが残る。駿河トラフにはトラフに直交する方向にリップルマークが発達している。このことは流れがトラフの軸に沿った軸流であることを物語っている。また海底だけでなく海洋の中層にも反対側に流れる底層流の反流のような強い流れの存在することが、染料を流したりして目視観察されている。駿河トラフでの強い流れは、黒潮の影響や陸からの流れ以外にも、潮汐による流れなどが海底地形とも相まって複雑な様相を示している。

海側から発見された生物群集

駿河トラフからは今まで化学合成生物群集が見つかっていなかったが、一九九二年の三月に行なわれた「しんかい二〇〇〇」のテスト航海の折に、土肥沖の伊豆側の斜面の水深一四九〇mの地点からスルガシロウリガイを優占種とした冷水湧出生物群集が発見された。この斜面が地質学的な構造区分のどこに相当するのかは複雑である。伊豆半島そのものは実は伊豆弧であり、しかも背弧に相当する。沈み込み帯である駿河トラフからフィリピン海プレートとして見ると、実は海側の斜面に相当する。今まで沈み込むプレートの海側斜面からは生物群集は見つかっていないのである。しかしここでは、日本海溝の海側に見られるような地塁・地溝を作った断層のミニチュア版があるのかもしれない。

自然の傾斜計——御前崎

駿河トラフに接したすぐ陸側の斜面にはいくつかの浅いバンク（堆）がある。それらは南から金洲ノ瀬《かなすのせ》、石花海堆《せのうみ》で北は蒲原や由比の丘陵へと続く。また御前崎はその南東の海への延長が御前崎海脚として、ちょうど金洲ノ瀬と石花海堆の間に割り込んだようなかたちになっている。駿河トラフではフィリピン海プレートとユーラシアプレートがぴったりとくっついている。前者が沈み込むと後者も同様に引っ張られて沈む。その様子は陸に設置した傾斜計によって正確に知ることができる。京都大学の安藤雅孝氏によれば、南海トラフに起こる地震は沈み込むプレートによってひきずり込まれた陸側の斜面が戻ることによって起こるという。また御前崎と伊豆半島の間でGPSを用いて地殻変動を測れば、地震の予知に対して大きく貢献するであろう。しかし日本の行政は果たして地震の予知に対して有効に働くであろうか。駿河トラフで起こるであろう地球科学現象は、それをはさむ両側の陸を使って、今後、大いに精度の高い観測が可能になるであろう。

付加体研究のメッカ、南海トラフ

南海トラフは駿河トラフの延長である。北緯三四度から南西へ、西は豊後水道の南までつながる。そこでは九州・パラオ海嶺という巨大な海底山脈によって区切られる。南海トラフはちょうど静岡県の富士の沖から足摺岬の沖までを陸に斜めに走っている。これは水深が最大で四八〇〇mであるため、気の毒なことに海溝とは呼ばれていない。しかし音波探査の記録を見ると厚い堆積物が二〇〇〇m以上もたまっており、これらの堆積物を取り去ると立派な海溝になる。南海トラフの軸部は厚い堆積物で埋積されてその表面は平坦で幅も広く、駿河トラフに近い東部では海底谷が蛇行している。銭洲海嶺の北ではフィリピン海プレートの沈み込みは南海トラフでは起こっておらず、銭洲海嶺の南で起こっていることが最近の精密な地震の観測で明らかになった。

「かいこう」計画と天竜生物群集

一九八四年に始まった日仏共同研究である「かいこう」計画ではいちばん最初、南海トラフがその目標であった。フランスの調査船「ジャン・シャルコー号」が、まず南海トラフの地形や重力、地磁気の測定を行なった。翌年六〇〇〇mまで潜航できる新しい「ノチール」が天竜海底谷の南海トラフへの出口で潜航を行なった。ここではシロウリガイ類の群集や褶曲する地層が発見された。「かいこう」計画はその後一九八八年から日仏「かいこう」/南海計画と改められ、「しんかい二〇〇〇」や「しんかい六五〇〇」を用いた付加体の研究やその事前調査が行なわれた。この計画では南海トラフの陸側斜面の断層系や表面構造が明らかにされた。「かいこう」計画は一九九三年からさらに日仏「かいこう」/東海計画と名を変え、今度は銭洲や南海トラフ東部の調査が行なわれた。この計画では南海トラフ東部の、詳しい表面構造や地下の深部構造が明らかにされた。そしていくつかの顕著な逆断層が認定され、今後は付加体内部の流体の循環機構の解明や逆断層の長期モニターの必要性が叫ばれている。南海と東海の計画の間にはODPの第一三一節による掘削が室戸沖で行なわれた。これは後に触れる。

遺跡調査から明らかとなった南海地震の再来周期

第二次世界大戦も終盤の一九四四年一二月七日に西日本で強い地震が起こった。マグニチュードは七・九で東南海地震と呼ばれている。震源は紀伊半島の沖であった。その二年後、今度は終戦直後の混乱期の一九四六年一二月二一日にマグニチュード八の南海地震が起こった。震源は四国沖である。この二つの地震の震源はいずれも南海トラフである。その後、南海トラフでは地震が数十年から一〇〇年の再来周期で起こっていることが遺跡の調査などでわかった。地質調査所の寒川旭氏は、関西の遺跡を調査して地震が起こったことを明らかにしている。たとえば応神天皇の陵墓と考えられている誉田御廟山古墳には南北性の断層が走っており、陵墓が破壊されていることが明らかになった。南海地震と東海地震の発生の頻度は古い時代ほど記録が乏しく曖昧である。南海トラフは地震の起こり方から五つのブロックに分けられている。これらの地域の地震発生の年表はまだ埋まっていなかった。寒川氏はさまざまな遺跡の調査を行ない、噴砂現象や大なり小なり地震に関係した現象や従来見つかっていなかった地震の傷跡を発見し、この年表を埋めていった。こうして南海トラフのチェッカーボードが少しずつ埋まってきて、地震の全貌が明らかになりつつある。南海トラフでの地震は想像以上に規則正しく起こっている可能性がある。

四国の足摺岬や室戸岬には顕著な海成段丘が何段も形成されている。海成段丘とは海面すれすれの地面が波に削られて平坦化した後に、地震などによる地殻変動によって隆起して地表に現われたものである。地震が何回も起こると段丘はきわめて高いところにまで分布する。日本の太平洋岸には多くの海成の段丘が認められており、これらはすべて沈み込むプレートと関係している。室戸岬では吉川虎雄氏らの研究から、今から約一二万年前の下末吉海進の折の平坦面が海抜二〇〇mのところにあり、南海地震は少なくとも今から約一二万年前から規則正しく繰り返されてきたことが明らかとされている。段丘はいわば地震の化石である。また寒川氏の言葉を借りれば古墳もまた地震の化石である。

陸上の付加体は地震発生体の化石

海底地形図を見ると南海トラフの陸側斜面は複雑な地形を呈している。これは付加体と呼ばれる地形に典型的である。多くがトラフ軸に平行な逆断層によって陸側が隆起した地形である。またこれらの付加体を直角に切る海底谷や断層が見られるのである。掘削の事前調査として行なわれた東京大学海洋研究所のサイドスキャンソナー

「イザナギ」の記録は、室戸岬沖の南海トラフに広大な付加体の発達している様子を明らかにした。付加体とは海溝にたまった陸からと海からの堆積物が、スラブの沈み込みにともなって陸側に押し付けられて持ち上げられる構造である。地層はおおむね陸側に傾斜しており、堆積物の年代は海溝の軸に近いほど新しい。このような付加体は南海トラフだけでなく、カリブ海のプエルト・リコ海溝のバルバドスやアリューシャン海溝にも発達している。そもそも付加体の最初の定義は、中米海溝の石油のための音波探査によってシーリーやディッキンソンらが名付けたものである。今では中米海溝は典型的な付加体ではないと言われている。地球科学の用語の模式地は多くの場合、後の研究や発見によって模式地としてふさわしくないことがわかっている。たとえばアンデス山脈は安山岩の模式地であると言われたが、実はここには安山岩はあまり存在しない。付加体の模式的な断面を図（次頁）に示した。

四国や紀伊半島、さらに中部地方の静岡県には、砂や泥がたまってできた第三紀から白亜紀にかけての地層が分布している。これは互いに時代や岩相（石の顔つき）が似通っているので、模式地である四国の四万十川の名前を取って四万十帯と呼ばれている。四万十帯の構造や時代については平朝彦氏（東京大学海洋研究所）が高知大学に在籍していた頃の研究で、これが過去の付加体であることが明らかになった。四万

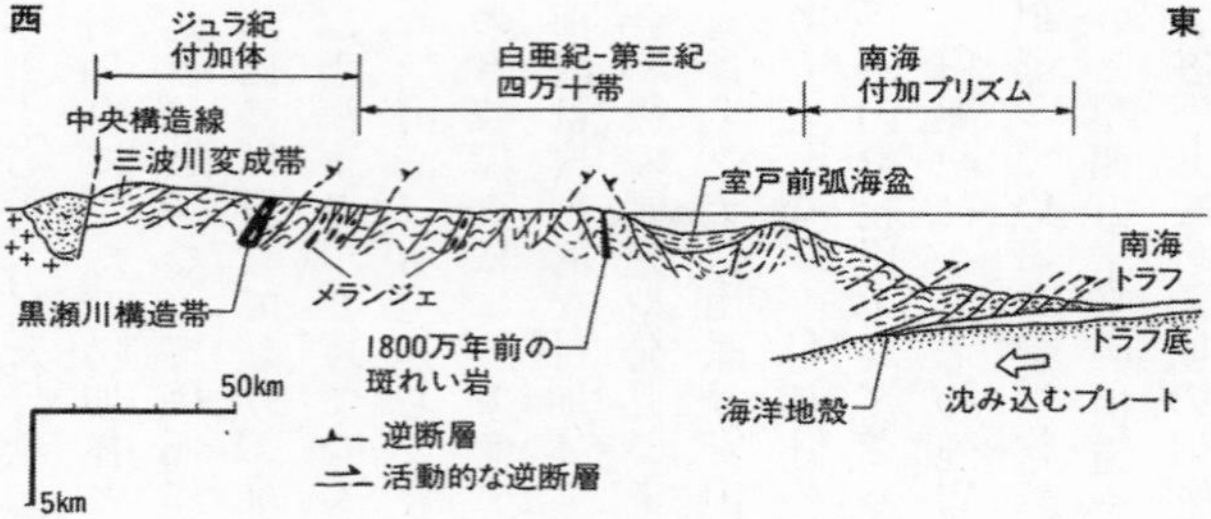

南海トラフにおける付加帯の断面図（平朝彦、1990年による）

十帯は険しい山脈を形成しており、岩石の露出もよく格好の研究フィールドである。陸上では、実は現在付加体の中で起こっている巨大地震の痕跡を見ることができる。それらは無数に走る断層や脱水構造（地層中の水が上方へ抜け出てできる構造）として残っている。すなわち陸上の付加体は地震発生体の化石であると言える。現在の付加体の詳しい研究と連動して行なうべき重要な研究となると思われる。

三度目の第一三一節掘削で大成功

南海トラフでは一九七三年にＤＳＤＰ（米国の掘削計画）の時代に二点の掘削孔が掘られた。第三一節である。このときの首席研究員はコーネル大学のダン・カーリグであった。しかし砂がちの地層の掘削は困難であった。一九八二年にカーリグは前回の失敗に懲りて、再び南海トラフの掘削に挑戦した。第八七節であった。掘削孔が二点掘削されているが、やはり砂の層に阻まれてうまくサンプルが回収できずにいくつも掘削点（サイト）を変えて掘削している。実はこのときは私も乗船研究者として参加している。もともと私はこの航海では日本海溝の調査に行くつもりであったが、横浜を出港すると何と再び南海トラフへ向かったのである。このときは洋上で台風に遭い、驚くべきことに台風の目が船の上を通過していった。一〇〇〇日近い日数を研究船で過ごしている私でも、こんな経験は初めてであったし、今後もまずないであろう。この航海では散々な目にあったが、それでも掘削は成功であった。一つの断層や褶曲を掘り抜くことができたからである。

一九八九年ODPの第一三一節の航海で南海トラフの掘削が行なわれた。共同首席研究員は平朝彦氏であった。初めて南海トラフで掘削が行なわれてから実に一〇〇航海、一六年後の成功であった。室戸岬沖の南海トラフ中央部の水深四六八六ｍの地点で一三二七ｍ掘削し、付加体を掘り抜いて、その下の沈み込んだフィリピン海プレートの基盤にまで到達した。南海トラフ付加体は三つのタービダイト層からなり、付加体の下のフィリピン海プレートの遠洋性の泥、その下に厚い酸性の火山灰層、玄武岩の枕状溶岩が識別された。またデコルマと呼ばれる主滑り面は九四五—九六五ｍの間に識別され、多くの化学成分濃度に不連続が見られたが、流体が移動しているような証拠は見つからなかった。火山灰はおそらく紀伊半島の熊野酸性岩に由来するものと思われる。タービダイトの物性が測定され、付加体の内部での変形が明らかになった。岩石は著しく変形や破断を受けていた。掘削孔の孔内検層もうまくいった。しかしこのとき計画されていたONDOと名付けられた孔内長期温度観測装置の装着は、黒潮に阻まれて残念ながらうまくいかなかった。この航海の結果の発表会が室戸市で行なわれた。室戸国際シンポジウムでアメリカ、フランス、ドイツなどからODP関係者や日仏「かいこう」計画関係者、そして陸上の研究者など一〇〇名近い研究者が民宿で遅くまで議論し銘酒土佐鶴に舌鼓を打った。

室戸岬の長期観測ステーション

海底に潜水調査船で行くことは言わば海底を垣間見ることに他ならない。潜航は朝九時から夕方五時までであり、水深によるが六五〇〇mの海底では往復五時間かかるので海底に滞在できる時間はわずか三時間である。たった三時間の観察で地球の四五億年の営みのすべてがわかるはずがないというのが多くの人の意見であろう。それを補うために海底の長期観測ステーションが開発された。短い時間では出てこなかった思わぬ事態を観察・観測できるし、平常時との比較が可能になる。特に地震による災害の発生は国家をあげた大きな懸念であることを思えば長期ステーションを地震の巣に投入することは重要である。

室戸岬の東には深層水を利用した水産資源の養殖の施設がある。ここから南へ海底のケーブルを敷いて南海トラフ付加体の上に地震計を設置し、長期にわたって観測を続けるシステムがスタートした。これは室戸の長期ステーションと呼ばれている。このシステムにはビデオ、カメラ、地震計、津波計、温度計、流向・流速計、地殻熱流量測定装置などが組み込まれている。長期ステーションは陸からケーブルにつながれて付加体の中の逆断層の崖に設置された。そこには小さいながらもシロウリガイ類の生物群集が見られる。したがって付加体の深部から流体が逆断層に沿って流れている可能性がある。

このシステムの第一号である相模湾の初島の南の初島生物群集の中に設置されたものと、ほぼ同様である。初島では約一〇kmのケーブルがつながっており、一九九三年から三年間にわたって海底の環境をモニターしてきた。その中で二つ面白い現象が海洋科学技術センターの門馬大和氏らによって発表されている。まず第一がシロウリガイの放精・放卵現象である。海底が白っぽく濁る現象であるが、地震も、地殻変動もまったくない。また流れも存在しない。海底でシロウリガイは何かに支配されていっせいに放卵するようである。最近オーストラリアのグレート・バリア・リーフのサンゴの観察で、サンゴ虫がやはりいっせいに卵を放出することが明らかになった。

もう一つは伊豆近海に起こった群発地震によって海底に地滑りが発生し、海底が泥で濁る現象が映像にキャッチされたことである。実は一九八九年に起こった手石海丘の噴火の際に海底地滑りが発生したことを、地形や堆積物などから推測して雑誌『ネイチャー』に投稿したことがある。ところが厳しいレフェリーは海底地滑りと噴火の同時性を立証できないとして、われわれの論文を却下した。今回のようなビデオがあれば完全に『ネイチャー』に掲載されたのにと悔やまれた。室戸沖では、これから起こる地震や地下の環境の変化を長期にリアルタイムで観測できるようになり、そのデータは海洋科学技術センターに送られてくる。そしてこのような基礎的な長期計測のデータは、将来の地震の研究に大きく貢献するであろう。

実験海域としての銭洲地域

日仏「かいこう」計画を通して銭洲海嶺近辺の南海トラフの表層の地形から地下深部の構造まで含めてきわめて精度高く研究されてきた。南海トラフの東部御前崎沖では、明瞭な地震の空白域が存在し将来地震が起こることは明らかである。地震探査の

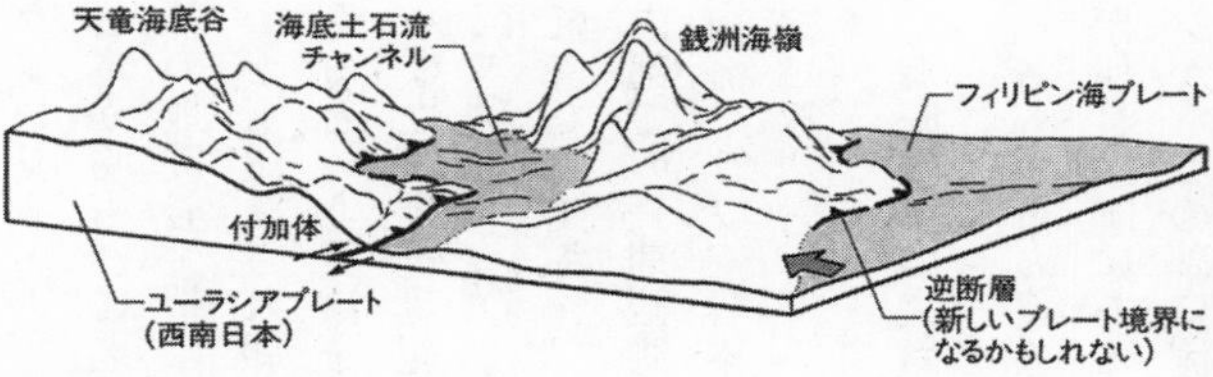

銭洲海嶺付近の鯨瞰図

結果は沈み込みが南海トラフから銭洲の南へと移ってしまっている可能性を示している。この地域の陸側斜面には東海逆断層、遠州逆断層などの大きな活断層が認められていて、将来起こるであろう地震の際にこれらの逆断層が活動する可能性は大である。これらの断層の運動や関連する微小地震の観測、流体の移動や間隙水の圧力、地殻熱流量、地電流、地磁気の異常などを観測することが重要であると思われる。また南海トラフには現行のODPが、一九九九年に「JR号」を持ってきて掘削することがほぼ確実である。それに合わせていろいろな現場実験設備の開発などが強く望まれる。しかもこの計画はわが国だけでなく米国を中心とする多くの諸外国の地震研究者や地球物理学者、地質学者、地球化学者の関心が高く、国際共同の機器開発や実験設備の開発が望まれている。

一九九七年六月の初めにハワイ島のコナで地震発生生体の実験に関するワークショップが持たれた。議長はハワイ大学のグレゴリー・ムーアであった。これは基本的には米国のワークショップであったが、日本からも一〇名の研究者が参加し私も出席した。三日間にわたって世界の沈み込み帯の地震発生帯に関する議論が戦わされ、実際にどの海域が最もプライオリティが高いかも議論され報告書が書かれた。世界中の研究者が南海トラフと日本海溝は重要であるという認識を持っている。

また二十一世紀にライザー（掘削に泥水循環システムを使うため、それを上げ下げする巨大なパイプのこと）を用いた深部掘削の科学目標を議論する会議CONCORDが東京で開催され、世界中から一五〇名の研究者が集まり議論した。この中でも付加体内部での長期観測が重要であることが叫ばれている。そういう意味でも私は日本では南海トラフ、日本海溝、日本海東縁に現場実験施設を設置すべきだという考えを持っている。

海底調査の大敵、黒潮

「名も知らぬ遠き島より流れ寄る椰子の実一つ」と歌われた島崎藤村の詩を彫った碑が伊良湖岬にある。これは黒潮のことを歌っている。まさにヤシの実が遠くフィリピンからこの碑に流れつくのであろう。日本人は太古より黒潮の恩恵や被害にあっている。黒潮にまつわる逸話は数知れない。この黒潮はいったいいつから存在するのだろう。答えは何と今から約一五〇〇万年前—一二〇〇万年前である。それ以前にはもっと大きな海流の流れがあった。黒潮は大陸の移動により、インドネシア海路が閉じることによって発生した。それ以前は赤道域で温められた海流はインド洋に入って現在よりはるかに大きなセルを作っていた。オーストラリアが南極から分かれて北上し、ついにインドネシアでユーラシアプレートに衝突しインド洋と太平洋を分離させてしまったからである。この年代は海底の掘削孔などの試料から多くの人によって検討されている。

今ここで黒潮の話を出しているのは、南海トラフの海底の研究にとって黒潮は必ずしもありがたくないからである。黒潮の本流は厚さにして約五〇〇mある。表面の水温は二七度もあって沿岸には暖かい気候の恩恵をもたらす。また流れの速度は中央では四ノット以上である。一ノットは一秒間に約五〇cm移動する速度であるから、ゆっくりと人が歩く速さである。潜水調査船は最大でも二・五ノットしか出せない。したがって黒潮の中では調査船を揚収することができない。つまり潜航ができないのである。潜航調査だけではなく、海底の一点にじっとして行なう調査でも船の位置を保つことはたいへん難しい。掘削船や海底で行なうピストンコア（海底の柱状試料を採るための機械）などを使う作業が困難になる。また計測器を海底にほうり込んで行なう観測も、表層の流れのため海底の思わぬ場所に着底することがある。

琉球列島の二つのギャップ

南海トラフは九州・パラオ海嶺で切られるが、その続きは琉球列島へとつながる。琉球海溝（海上保安庁海洋情報部では南西諸島海溝）は種子島の東沖から始まって台湾の東までつながる。その一般的な走向は北東―南西であるが、宮古島の沖辺りから東西性の走向に変わる。水深は深いところでは七〇〇〇mを越える。

琉球列島は九州の南につながる列島であり、九州から台湾までの弓型の橋のように中国大陸の全面に張り出している、しかし地形図をよく見るとひとつながりではなく大きなギャップが二つ認められる。それらは北からトカラ海峡とケラマ海峡である。トカラ海峡はトカラ列島のすぐ南にあるギャップである。ここでは大陸棚が切れて北西―南東方向の深い溝になっている。沖縄トラフに入った黒潮はここからフィリピン海に出てくる。南にあるケラマ海峡（またはケラマ海裂）は沖縄本島のすぐ南にあって、北のギャップと同様に深い溝になっている。琉球では今から一万八〇〇〇年前の海水準低下期に、ほとんどの部分が地つづきになっていて生物が渡り歩いていたと考えられている。しかし、これらのギャップは泳げる生物以外は渡れなかった。これらの海峡は大きな断層であると考えられる。これは伊豆・小笠原で見られたように島弧を胴切りにする断層、構造線である。このことを最初に指摘したのは小西健二氏であった。

琉球を海側から中国大陸に向けて見てゆくと次のような特徴が見られる。フィリピン海プレートの上面は特に石垣島の沖では顕著な地塁・地溝を形成している。海溝は南ほど深い。前弧には喜界島のような隆起した島が存在する。奄美大島や沖縄本島は古い地層からなる隆起帯である。火山フロントは阿蘇からトカラ列島へつながるが、南には顕著に見られない。中国大陸と沖縄の間には細長く続く背弧海盆である沖縄トラフがある。これは最近の二〇〇万年くらいの間にできたものである。トラフから中国本土までの間には、広大な大陸棚が広がっている。ここには黄河や揚子江から運ばれた土砂が厚くたまっている。以下、琉球島弧─海溝系の特徴を見てゆこう。

琉球島弧─海溝系の特徴

琉球の島弧─海溝系は、しかし九州をも含む。正確には阿蘇山《あそ》から台湾までおよそ一六〇〇㎞の長さである。火山フロントは阿蘇、桜島と続く。伊豆・小笠原の部分で

琉球弧（トカラギャップとケラマギャップ）の特徴一覧

	北部	中部	南部
水深	浅い	中間	深い
地殻の厚さ	厚い（27-30 km）	中間（？）	薄い（23-24 km）
火山岩	ソレアイトとカルクアルカリ岩	高アルミナ玄武岩	ソレアイト
火山活動時期	＜300万年	＜600万年	1000万〜600万年
地形の特徴	火山構造性凹地	リフト	古いリフト
外弧	種子島（中生層）	沖縄（中・古生層）	石垣島（古生層）
火山弧と海溝の距離	200-210 km	200 km	？
モホ（P波速度）	7.6 km/s	？km/s	7.2 km/s

も紹介したように、一般的に島弧―海溝系の地球科学的な性質の連続性はせいぜい五〇〇㎞程度である。琉球の島弧―海溝系も例外ではなく、右に述べたトカラ海峡とケラマ海峡によって北部、中部、南部に三区分される。北部は水深が浅く巨大カルデラを持ち地殻は厚い。南部は水深が大きく、活火山は東シナ海に見られる。背弧海盆は不活発である。中部は背弧海盆が最も活動的である。

喜界島はサンゴ礁が島全体に分布することで有名である。この島は地形図を見ると奇妙なことに海溝側に張り出している。奄美大島の北東にあり海溝までの距離が最も短い島である。ここには今から一万年前の完新世の段丘が四段認められている。この島は最も高い一五〇—二二〇mのところにまで段丘があり、少なくとも今から約一二万年前の下末吉海進の頃から隆起が始まったことがわかっている。最近の六〇〇〇年の間にも一〇・二mも隆起している。このような急速な隆起はいったい何に起因するのだろうか。奄美海台が琉球海溝に衝突しているが、この衝突が原因であろうか。東京大学海洋研究所の徳山英一氏は奄美海台を通る音波探査の結果を解釈して、奄美海台の衝突が琉球の前弧の隆起の原因であるとしている。

九州の四大カルデラ

九州地方には巨大なカルデラが四つある。それらは北から阿蘇、始良《あいら》、阿多、喜界のカルデラである。このことを最初に指摘したのは松本唯一氏であった。いずれも壊滅的な巨大噴火を起こし大量の火山灰を噴出している。陸上にある阿蘇山と鹿児島湾を作っている始良カルデラは誰でもそうとわかる。阿多カルデラと喜界カルデラは海底の地形図を見ないとすぐにはそれとわからない。しかし松本氏は陸上などに堆積した噴出物から、これらをカルデラであると推定している。そもそも南九州にはシラスと呼ばれる大地が発達しており、これは火山灰（テフラ）でできたことがわかっていた。またアカホヤという土壌がこの地域には卓越している。

古代の遺跡やもっと古い時代の考古学の研究には、火山岩がさまざまなかたちで貢献している。まず黒曜石である。これは矢じりやさまざまなものに使われている。というのはこの石はきわめて薄く割れやすく、その切口は貝殻状で鋭いので、ナイフや矢じりなどいろいろな用途がある。黒曜石は玄武岩質のマグマが急冷してできた岩石でほとんど結晶を含まない。この岩石は空気中に放置しておくと空気中の水分が岩石の中に入り込んでゆく性質がある。時間がたった岩石の表面を見ると水和層が見られる。水和層の厚さは時間の関数である。そのため水和層の厚さを測ることによって石器の年代を決めることができる。

火山はしばしば爆発的な噴火をする。そのときに火山灰を空気中にまき散らす。最近知られる巨大な噴火はフィリピンのピナツボの噴火である。

九州の四つのカルデラもいろいろな時代に巨大な噴火をしている。まず阿蘇は今から八万年ほど前に「阿蘇四」と呼ばれる超巨大な噴火を行なっている。また喜界カルデラは今から六〇〇〇年前の縄文時代に壊滅的な噴火をしている。このような噴火は一時に大量の火山灰を空中に放出し、それらは雪のように大地に海に降り注ぐ。火山の噴火は地質学的には一瞬の出来事で遠く離れた地域にも同じような性質の灰が降る。

したがってこれらの火山灰によって埋もれた遺跡は、火山灰層序学や炭素の同位体を用いて年代を決定することができる。有名なイタリア・ポンペイの遺跡やクレタ島のミノア遺跡など世界の多くの遺跡の年代が、これらの手法によって解明されている。

琉球では地震も起こっており、八重山の群発地震などが知られている。つい最近では鹿児島県の川内《せんだい》で地震が起こっていたり日向灘でも同様である。伝説的な津波が琉球には語り継がれている。また石垣島に行くと津波石と呼ばれる巨大な石灰岩の塊が、海岸からやや陸に入ったところに打ち上げられている。一七七一年に起こった明和の大津波である。これは八重山地震津波と呼ばれていて、一七七一年四月二四日に起こったマグニチュード七・四の地震による津波である。石垣島では津波の被害が最も大きい。古文書によれば宮良村では八五・四mの津波が押し寄せてきたとしている。これがわが国最大の津波である。しかし津波の高さに関しては充分信頼できるものではない。

大津波を起こした前弧の大崩壊地形

一九九二年六月、琉球海溝で初めての潜航が行なわれた。石垣島の東の琉球海溝海側には見事な地塁・地溝地形が見られる。この場所で海溝軸をまたいで陸側と海側の両方を潜航した。次頁の図は琉球海溝を横断する模式断面を示す。

琉球の前弧の潜航では六五〇〇mのところから土石流堆積物が見られた。前弧の斜面はやや平坦な斜面と四五度以上もある急斜面の繰り返しであった。急斜面は崩壊した部分で、平坦面は土石によって堆積された部分である。最後に水深五〇〇〇mのところに、五〇m以上も続くほとんど垂直な急崖が見つかった。これはまさに地滑りの滑落面そのものであった。そして五〇〇〇mの平坦面は潜水調査船で全体を見るにはずいぶん時間がかかるほど広大であった。もっとも潜航の時間がここで終わってしまった。海底地形図などから考えると、斜面が崩壊している部分は水深二五〇〇mから始まって海溝軸の七五〇〇mまで続く巨大な崩壊地形であることがわかった。あるいはこれが明和の大津波を起こした巨大地滑りであるかもしれない。全体が把握できるためには、まだ二回の潜航と六五〇〇m以深での無人探査機による調査が必要である。

舗装型のマンガン

一方、海側の斜面の様子は陸側の崩壊とはまったく異なっていた。顕著な地塁・地溝は比高五〇〇mもある垂直な急崖であった。この急崖は実際にはやや平坦な三〇度くらいの斜面と六〇度以上ある急崖の組み合わせであった。やや平坦な面には堆積物

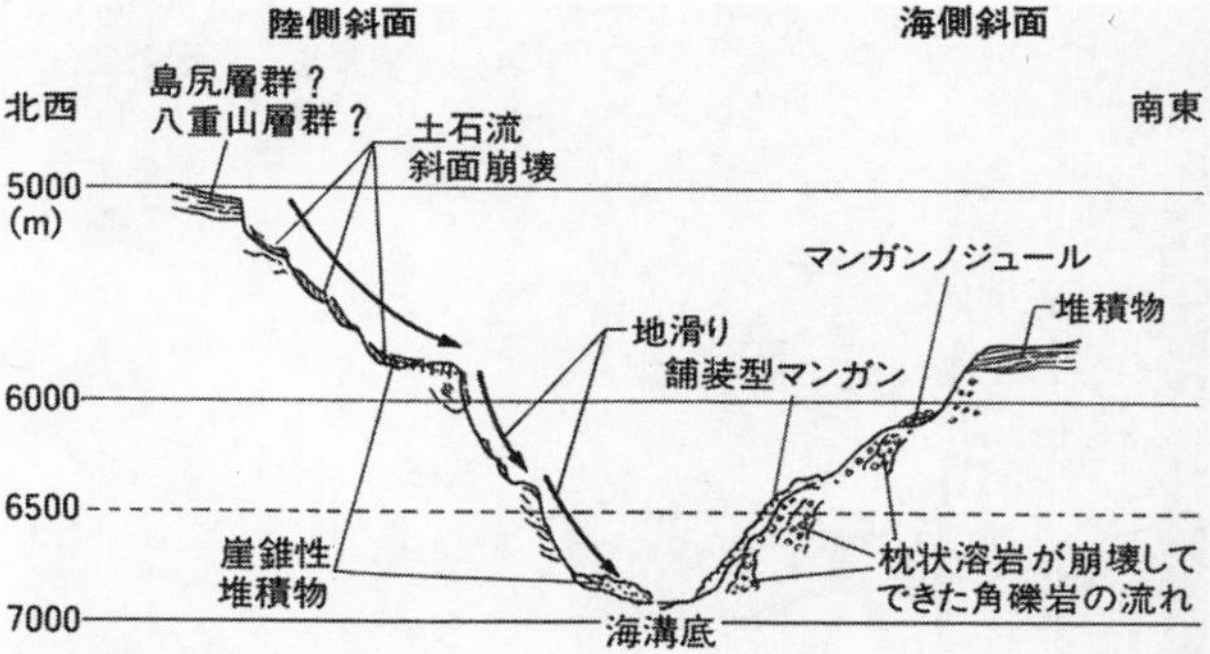

琉球海溝の模式断面図

がたまっていたが、急崖には一面枕状溶岩に似た構造が見られた。

最初サンプルを得るまでは、私は枕状溶岩であると思っていた。ところが厚さ二〇㎝もあろうかと思われるマンガンで覆われていたのだ。よく道路の両側の面がコンクリートの吹き付けで枕状溶岩のようになっているのを見かけるが、その構造とまったく同じである。マンガンが厚く吹き付けられたのであろう。私はこれに「舗装型のマンガン」と名付けた。

海底に横たわるマンガン団塊はいちばん最初はチャレンジャー航海のドレッジによって知られた。水深五〇〇〇ｍの海洋底は平坦で堆積物の供給も少なく、同心円状のマンガンがサメの歯やクジラの骨などを核にして成長している。資源として有用な点はマンガン団塊のマンガン

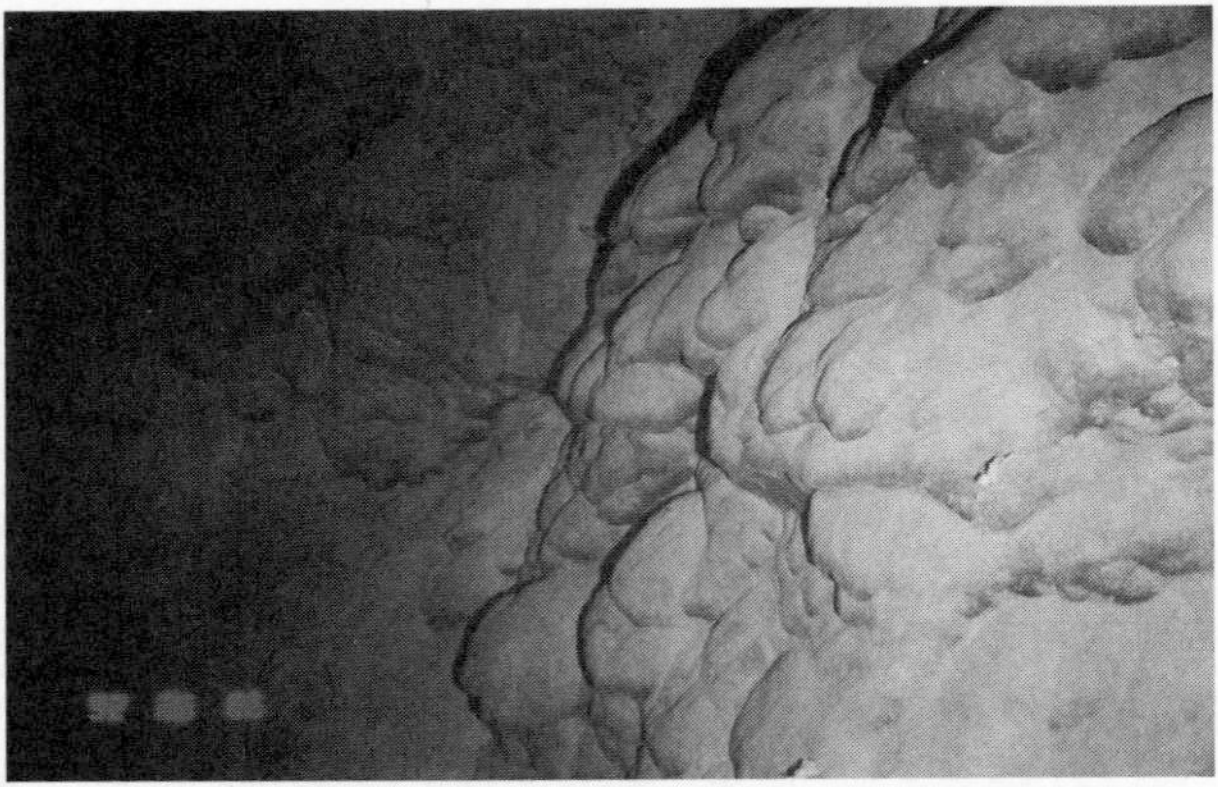

琉球海溝海側斜面の舗装型のマンガン（藤岡撮影　©JAMSTEC）

の中にはコバルトやニッケルといった有用な金属を含むことである。また海山の頂上などの水深一〇〇〇m付近ではコバルトリッチクラストと呼ばれる、一%以上もコバルトを含むマンガンの板、クラストが得られている。海底の資源としてのマンガンの有用性はここからきている。マンガンはだいたい水深六〇〇〇m以浅の平坦面にしか存在しないと考えられていた。今回発見されたマンガンは、明らかに六〇〇〇mより深い海底から発見されたまったく新しいタイプのものであった。深海からはまだまだわれわれの知らないものが出てくる可能性がある。

生痕——生物の作る幾何学模様

海底の堆積物の表面には生物の活動した跡が生々しく残っている。これらは化石になって残ったものもある。そういう化石を生痕化石と言う。生痕化石は現在の生物の挙動がわかっていないと意味のないことが多い。琉球には嘉陽層という、第三紀の泥でできた地層が分布している。嘉陽層には渦巻き型の化石や溝状の化石などが豊富である。

琉球海溝の堆積物に覆われた前弧の平坦面には、これらの化石とまったく同じような生物の痕跡が認められた。潜水調査船で見られた構造には、ラセン状の構造、溝状の構造、放射状の構造があった。ラセン状の構造は直径三㎝くらいの円柱が渦巻きのようになっている。これはどうやらナマコの糞のようで、いたるところに見られる。長いものでは数mにもわたって追跡できる。溝状の構造は幅七—八㎝くらいで真中が少し凹んでいる。縁はまるでキャタピラで付けたような跡が見られる。これは誰も踏み荒らしていない海底の泥を縦横無尽に走りまわっている。これがウニの這い跡であることがわかった。放射状の構造は中心の孔から八方へ幅五㎝くらいの短冊のような構造が見られ、全体として放射状になっている。ユムシの巣孔のようである。これらは琉球だけでなく房総半島の第三紀の地層にも見られる。化石から生物の実態を復元したり行動を推定するのはたいへん難しいが、海底のこのような様子の観察は過去の生物の行動を推測するのにたいへん効果がある。

炭酸ガスの噴出

沖縄トラフからは、わが国最初の熱水が見つかっている（第四章参照）。ここでは海底から噴き出している炭酸ガスについて紹介する。沖縄トラフには沖縄本島に近い側に伊是名、伊平屋の凹地がある。これらは噴火口やカルデラであると考えられている。伊是名海穴《かいけつ》にはＪＡＤＥ（ヒスイ）サイトと呼ばれる熱水のサイトがドイツの観測船「ゾンネ号」によって発見されていた。一九八九年「しんかい二〇〇〇」の潜航を行なっていた地質調査所の丸茂克美氏は、海底からあぶくのようなものが出ているのを発見した。いくつかの潜航によって採集されたものは間欠的に発泡する透明な炭酸ガスの液体であった。

これはちょうど東シナ海からもたらされた有機物に富む堆積物が、ここで熱分解して炭酸ガスのハイドレートを形成していたものと考えられる。温度や圧力条件を考慮すると海底面がほぼ液体と気体の境界に相当する。

ガスハイドレート

最近はやりの言葉にガスハイドレートがある。少し聞きなれない言葉であるがシベリアの永久凍土や海底から出てきた言葉である。ハイドレートとは水和物のことでガス、特にメタンの水和物である。海底の堆積物には大なり小なり有機物が含まれている。これが地下深くで酸素のない状態で分解するとメタンなどの炭化水素になる。これらのガスが地層の中を移動して集まると石油になる。地下深部で適当な条件が整うとメタンと水がシャーベットのような状態になるのが、ガスハイドレートである。これは最初、音波探査の記録から見つけられた。地層の中には海底とまったく同じ形をした反射面が現われる。これをＢＳＲ（ボトム・シミュレーティング・リフレクター）と言う。疑似海底反射面とでも言うべきものである。掘削してみると、この層からガスを含んだ泥が出てきた。掘削による減圧で膨張したためである。

ガスハイドレートは永久凍土や黒海の海底など広く世界中に存在する有望な資源である。日本列島周辺にも南海トラフ、沖縄トラフ、日本海溝、日本海、ベーリング海などの海底に存在することがわかっている。東京大学の松本良氏らはＯＤＰの第一六四節で米国東海岸のフロリダ沖のブレークリッジの水深三〇〇〇ｍのところでハイドレートの掘削に成功した。堆積物の中に氷のようなハイドレートの板が蓋をしていてその下にはフリーガスが存在することもわかった。今後はＢＳＲを世界中の海底で発見しガスの埋蔵量が推定されるであろう。

海流や底層水で活発なフィリピン海

ストンメルは地球の自転やコリオリの力などを考慮して海洋大循環の理論的計算を行なった。またブロッカーは三大海洋を結ぶベルトコンベアモデルを提案した。このことで、地球上の海洋の水の循環については、かなり明らかとなっている。特に海の底を流れる流れには、グリーンランドと南極の二つの源のあることがわかっている。南極は大陸移動によってすべての大陸から取り残されて孤立した。そのときから南極環流が形成され冷たい水が海洋底を這いずりまわるようになった。

この南極底層水は北へ上がって日本列島付近へもやって来る。カロリン諸島からフィリピン海へ入るルートはハルマヘラ島の東とパラオ諸島とヤップ島の部分がある。それ以外の場所では島弧やリッジが邪魔しているからである。フィリピン海に底層水が入っていることは、東京大学海洋研究所の海洋物理部門の観測によってわかっている。フィリピン海はその周辺が海溝や島弧に囲まれたいわばお盆のような形をした海盆である。表層には黒潮が、底には底層水がまわっていてきわめて活発である。また台風の発生が非常に多いため大気と海洋の元素の交換が活発である。これは地球上の炭酸ガスなどの循環がきわめて効率よく行なわれている場であると言える。

第四章

海の後ろに海がある——日本海の背弧海盆に潜る

島弧の後ろの海、背弧海盆

これまでの章では島弧—海溝系のうち、主として海溝側に起こる地球科学現象を取り扱ってきた。しかし、日本列島周辺のような西太平洋の多くの地域には島弧の後ろ、すなわち大陸側に深い海盆の存在することが多い。たとえば、日本海、沖縄トラフ、フィリピン海などがその例である。このような海盆のことを背弧《はいこ》海盆と言う。また大陸の縁辺に存在するものは縁辺海と呼ばれることもある。縁辺海は文字どおり大陸の縁辺に存在する海で、その成因は問わない。ベーリング海、オホーツク海、日本海、東シナ海、南シナ海などがその例である。しかし、縁辺海すなわち背弧海盆ではない。東シナ海はほとんどは大陸棚からなるきわめて浅い海である。

背弧海盆とは背弧の拡大によってできた海盆であると定義される。すなわち海盆には拡大軸があって地磁気の縞状異常が存在する。このような典型は四国海盆である。その他にもパプアニューギニアの東にあるマヌス海盆やフィジーの北フィジー海盆などがある。

ベーリング海やオホーツク海はトラップされた太平洋という考えもあり、日本海の中には典型的な地磁気の縞状異常がないと言う人もいる。その原因はたとえば熱水活動などのため、もとあった地磁気の縞状異常が壊されているという考えもある。これらの海盆は地球科学的にはその成因に関する議論が多くなされているが、海水の挙動としても重要である。特に環境問題で取り上げられている問題は、炭酸ガスが海水中に溶け込んで大量にトラップされていることである。これが縁辺海から外洋に出てゆくことで海洋資源に与える影響やそもそも大気中の炭酸ガスをどのように除去するか、地球全体の炭素の循環にどのように関与するかについても多くの研究がなされている。

背弧海盆の三つの成因説

では背弧海盆はどうしてできるのだろうか。今までに大きく分けて三つの考えがある。まず、多くの人は中央海嶺と同様に拡大の中心を持った拡大系であると考えている。このことを最初に議論しモデルを作ったのはダン・カーリグであった。彼はプレートテクトニクスの考えが発表された直後に、トンガやケルマデックの背弧海盆の成因を背弧の拡大というモデルで説明している。二番目は上田誠也氏らの考えである。たとえばフィリピン海は太平洋がトラップされたものであると考えた。したがって背弧拡大のような火の気があるのではなく、年代の古い海盆であることになる。一方、都城秋穂氏はホットリージョンの伝搬という興味あるモデルを提案している。これは太平洋に分布する多くの背弧海盆の年代がすべて白亜紀より新しく海盆ごとに年代が少しずつずれていることから、プレートより下にある熱い部分がプレートの運動とは独立に移動して次々に背弧海盆を形成していったとするモデルで、現在のプルームテクトニクスとよく似ている。現在すべての背弧海盆に共通するモデルはまだ認められてはいない。それは拡大軸がなかったり、地磁気の縞状異常がはっきりしなかったりするからである。現在の背弧海盆を見てみると、まずマリアナトラフは拡大している。拡大軸がちゃんとあり、地磁気の縞状異常も存在する。

背弧海盆を考える時、第二章や第三章で見てきた大きなプレートとの比較において見ることが必要である。速い拡大や遅い拡大に特徴的な性質を持っているからである。また拡大中心での地球科学的特徴はどこでも互いによく似通っている。本章では日本列島周辺の背弧海盆の性質を探ってゆく。

三つの海盆からなる日本海

日本海は一〇〇八×一〇六㎢の面積を持つ。日本海はロシアのシホテ・アリン山脈、朝鮮半島、日本列島、樺太によって囲まれた背弧海盆である。日本海は実は内部に存在する大和堆によって日本海盆、大和海盆、対馬海盆の三つの海盆に区分される。日本海盆は水深三五〇〇mを越すいちばん大きい、そしていちばん深い海盆である。音波探査によってこの海盆は通常の海洋地殻と同じ構造を持つことがわかっている。真中にある大和堆は浅いところは水深二〇〇m以浅で海水準低下期の侵食地形の跡が見られる。小さな海底谷が発達し円磨された礫などが「しんかい二〇〇〇」の潜航で観察されている。ここではまたドレッジによって二億年前の花崗岩が得られており、それは沿海州の山地シホテ・アリンに出現する花崗岩と時代も岩相も同じであることから、多くの人が大陸分裂の時の残りであろうと考えている。

大和堆の南にある大和海盆は、地殻が厚く典型的な海洋地殻とは言いがたい。中には松海山などの小さな海山や海丘が存在する。対馬海盆はよくわかっていないが、基本的には大和海盆と同じである。日本海は地殻の熱流量の値が通常の海洋底のそれより高いことがわかっている。そして地磁気の縞状異常は、今一つはっきりしないため、その発達史についていろいろな議論がなされている。ODP第一二七節と一二九節の掘削によってその全貌が明らかにされた。

海底に死んだ魚がいる

日本海の海底は従来から不思議な場所であると言われている。それは潜水調査船による調査以前に、日本海中部地震の調査のため行なわれた曳航体での調査でもそうであった。たとえば魚が死ぬとすぐに底をあさる生物（スカベンジャー）が、その遺骸を食べてしまうために海底で魚の死骸を目にすることはほとんどまれである。ところが日本海では「しんかい二〇〇〇」などで潜航すると、きわめて自然に魚の死骸が目に入るし、それに奇妙な生物の付着したものも同様である。このことは日本海の海底が何か異常であることを暗示している。

たとえば海底の温度はその深さに比べてきわめて低いことがわかっている。大洋でも三〇〇〇mの海底でほとんど一〜二度である。しかし日本海の水はそれよりも冷たい。たとえば『理科年表』に示された一五〇〇mでの深さの水温分布を見ると黒潮の流域では二・五九度、親潮の流域では二・二五度であるのに対して、日本海では温度は水深三〇〇〇mで〇・一四度である。また塩分濃度はやや低い。なぜこのように日本海の底の温度は低いのであろうか。それは日本海の底に固有の水が流れて入るからである。だが、死んだ魚がいるのはどうやら固有水だけの問題ではなさそうである。そもそも何かスカベンジャーさえ棲めないような環境が海底に存在する可能性がある。

「トンボが落ちてる」

日本海の底の不思議の一つにトンボの死骸がある。堀田宏氏が潜航していた時に「あっ。トンボが落ちてる。トンボ拾うかな。トンボ拾ってもしようがないな」という面白い（失礼）独り言がビデオに残っている。残念ながら潜航走行中の一瞬なのでビデオの画面には映っていないが、きわめて鮮明で一目見てトンボとわかったそうである（本人談）。しかしよく考えてみると海底にトンボが落ちているということ自体、まったく奇妙なことと言わねばなるまい。もし飛んでいたトンボが何らかの事情で死んでしまって海面にたどりついたとすれば、まずしばらくは海面を漂うであろう。その間に魚や鳥や他の生物に食われてしまわないのか。水分を充分に含んで海水中を沈降しはじめても三〇〇〇mの海底にたどりつくには、ずいぶんと時間がかかると思われる。中層にはエビや魚やいろいろな生物が御馳走を待っているであろう。また海底にたどりついてもいつかスカベンジャーに食われるであろう。ところがそれが潜水調査船の観察窓から見えるのである。私はどのようなトンボかわからないが次のような推測を持っている。

アムール川は雪解けの冷たい水をハバロフスクあたりで常に日本海へ運んでいる。ロシアの沿海州には冷たい水がいつも存在している。こういう冷たい水は密度が大きいためにすぐに潜ってしまう。日本海は冷たい水と温かい水とが成層構造を作ってい

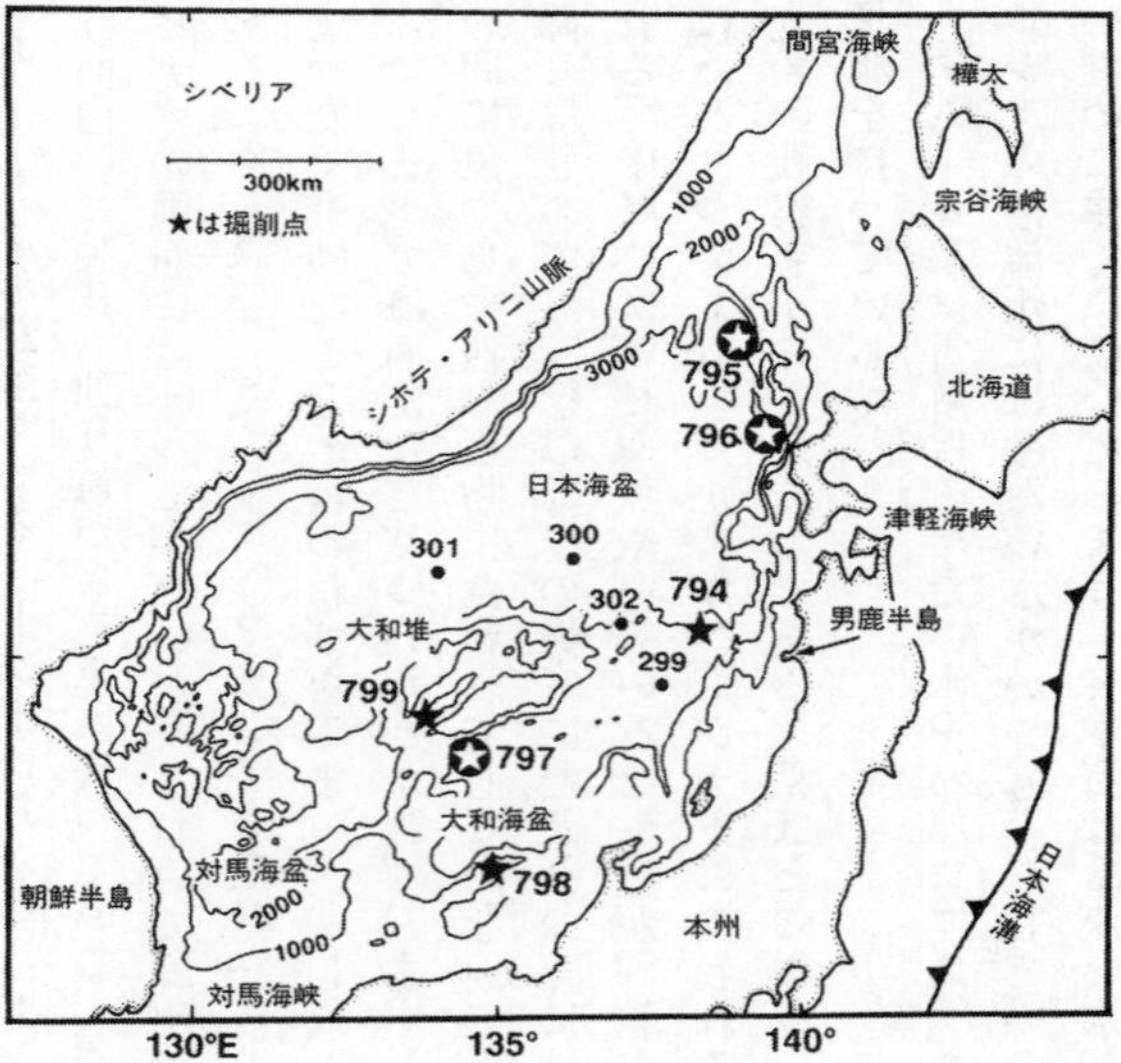

日本海地形図

る。トンボはこの冷たい水に運ばれてあっという間に海底に運ばれたのであろう。

淡水化する日本海

日本海の周辺を眺めてみると、いかに日本海が外洋に対して閉じているかがわかる。外洋との連絡口は全部で六つしかない。まず北は樺太とロシアとの間の間宮海峡で、水深は一五mである。次は樺太と北海道との間の宗谷海峡で、水深は五五mである。本州との間は北の津軽海峡（一三〇

ｍ）と西の関門海峡（一〇〇ｍ以浅）がある。津軽海峡はきわめて流れが速く（最大九ノット）海底がえぐれて海釜《かいふ》と呼ばれる地形を呈している。流れの速い川で小石が川床に孔をあけてできるポットホール（甌穴）のようなものである。朝鮮半島と対馬の間は対馬海峡西水路または朝鮮海峡、対馬と九州の間は対馬海峡東水路である（対馬海峡だけが二〇二ｍでそれ以外は一三〇ｍ）。これらの海峡は狭くてしかも水深がきわめて浅い。いずれも二〇〇ｍ以下である。一万八〇〇〇年前の海水準低下期にはこれらの海峡は陸化していたり、きわめて狭く浅い川のような状態であったと考えられる。実際、大陸からマンモスなどが渡り歩いて来ている。外洋の水と混じらなくなると日本海の水はいくつかの理由で淡水化する。主なものの一つはアムール川の淡水による希釈、もう一つは降雨による希釈である。私はいろいろな理由から、古アムール川が現在のウスリー川を経てウラジオストックから日本海に注いでいたと考えている。似たような考えで、もう少し規模の大きい古アムール川をリンドバーグという人が一九三七年に発表している。いずれにしても外洋と混合しない日本海は巨大な池のようなもので、その中の水は成層構造を持っていた。このことは日本海の底の堆積物からもわかる。

ロシアの黒海では湖底にたまった泥がほとんど酸素のない状態で堆積して黒い泥に

なる。このようなものが固まってできた石が「サプロペル」と呼ばれる黒色の泥岩である。硯などに使われる石もこのようなものである。三五億年前の「シアノバクテリア」からなる泥岩も、酸素のない状態を示していると考えられる。サプロペルには他の堆積岩に比べて多くの有機物が含まれている。日本海の堆積物を柱状に採ると、ある間隔はきわめて規則正しく白と黒のバンドになっている。この黒い部分はサプロペルのように多くの有機物を含有している。一方、白い堆積物はほとんどが珪藻の遺骸からなる。このような層状の構造を「ラミナ」と言うが、カリフォルニア湾で得られた柱状試料は一年間の年輪を表わしていることが判明した。それは冬になると珪藻が異常に繁殖し、その遺骸が白い層になる。ところが夏は陸からの泥や砂が流れ込み、その中には有機物が多く、それが分解できなくなって黒い層になる。日本海のこのような白黒のバンドは、果たして年輪であるかどうかはまだ議論の余地がある。

第四紀に隆起した奥尻島

北海道の西にはいくつかの島が分布している。渡島《おしま》半島のすぐ西に存在する離島が奥尻島《おくしりとう》である。

奥尻島には九段の海成段丘が識別されている。地震が発生するまでは、この島はわずかな観光客や釣り人そして地質調査に来る人々くらいしか訪れる人もいなかった。海洋科学技術センターの潜水調査船がこの地域の調査を始めてから、この島から上下船することが多くなった。関係の多くの研究者が奥尻島に泊まっている。

奥尻島は平仮名の「く」の字のような形をしている。この島はその南にある渡島大島とは違って現在の火山活動はまったくない。地質学的には白亜紀の花崗岩を基盤として新第三紀の海成層が堆積してできた島である。島の最高峰は神威山の五八四mである。日本海側の新第三紀の地層はどこでもよく似ている。その模式地は男鹿半島であるが、地層名では古いほうから新しいほうへ、門前、台島、西黒沢、女川、船川、北浦と重なる。火山活動や堆積層に特徴があり、門前は安山岩質な火山活動が卓越し植物が阿仁合型であり、台島は石英安山岩質な火山活動で植物は台島型、西黒沢は玄武岩と流紋岩の火山活動、女川は珪藻を主とする泥岩と海底玄武岩の火山活動、船川は石英安山岩という具合である。実はこのような特徴は、北海道の道南の地層にもあてはまるし奥尻島でもほとんど同じである。奥尻島で顕著なことは、この島が第四紀を通じて隆起してきたことであり、海成の段丘がたくさん存在する。そしてこれらの運動は奥尻島だけでなく、それを含む奥尻海嶺全体の運動であるようだ。

新しいプレートの沈み込みと奥尻海嶺

奥尻島は地形的な高まりをなす基盤の上に乗っている。この地形的な高まりは、日本海の東の端を縁どるように南北に八〇〇㎞も分布しており全体として奥尻海嶺と呼ばれている。奥尻海嶺では潜水調査船やドレッジなどによって、いくつかのことが明らかになっている。

まず奥尻海嶺からは、ドレッジなどによって海洋性の玄武岩やそれがゆっくり冷えてできたドレライトが得られた。これらのことから一二〇〇万年前の日本海の海洋地殻が奥尻海嶺に付加した可能性がある。奥尻海嶺の麓に見られる海底地滑りによる乱泥流堆積物が発見され過去の地滑りが知られている。年代が正確にわかると過去の地震の発生周期の解明につながる。

一方、大和海盆における一九八三年の日本海中部地震震源域では地震発生の後、ディープトウ（深海曳航《えいこう》カメラシステム）による調査が行なわれた。そこではスポット状の黄色い堆積物と裂け目の発見、魚の死骸、トンボの死骸の発見などから海底に毒性物質があり、日本海溝の陸側斜面と同様に日本海中部地震との関連が注目されている。これらの調査の結果は日本海の東縁で新しい沈み込みが起こっていることを間接的に示唆している。

奥尻海嶺の生物群集

奥尻海嶺の中腹からは海底に地割れが見つかった。その地割れからはバクテリアマットと巻き貝などからなるできたての生物群集が発見された。日本海側では最初の発見である。「しんかい六五〇〇」の第五一潜航調査で富山大学の竹内章氏が発見した。潜航は一九九一年に日本海盆の東縁の水深三五〇〇mのところから東へ向けて行なわれた。水深三一一〇—三一〇七mのところでは南北に分布する斜面に斜交する（北東—南西方向）亀裂が発見された。亀裂は開口しているものは一〇—二〇㎝の幅で一〇m程度の長さでつながっていた。白いバクテリアマットのようなものが見られ、巻き貝やエビが群がっていた。柱状試料を採ると堆積物は黒く硫化水素のにおいがした。温度を測定すると周辺より〇・一三度高いため地下からの水の染み出しの可能性がある。これは今まで南海トラフや日本海溝で見つかっている生物群集ときわめてよく似た状況を示している。これが沈み込み帯の生物群集と同じものであるとすれば、奥尻海嶺が最近新しいプレートの沈み込みに関連した運動の結果を反映している可能性がある。

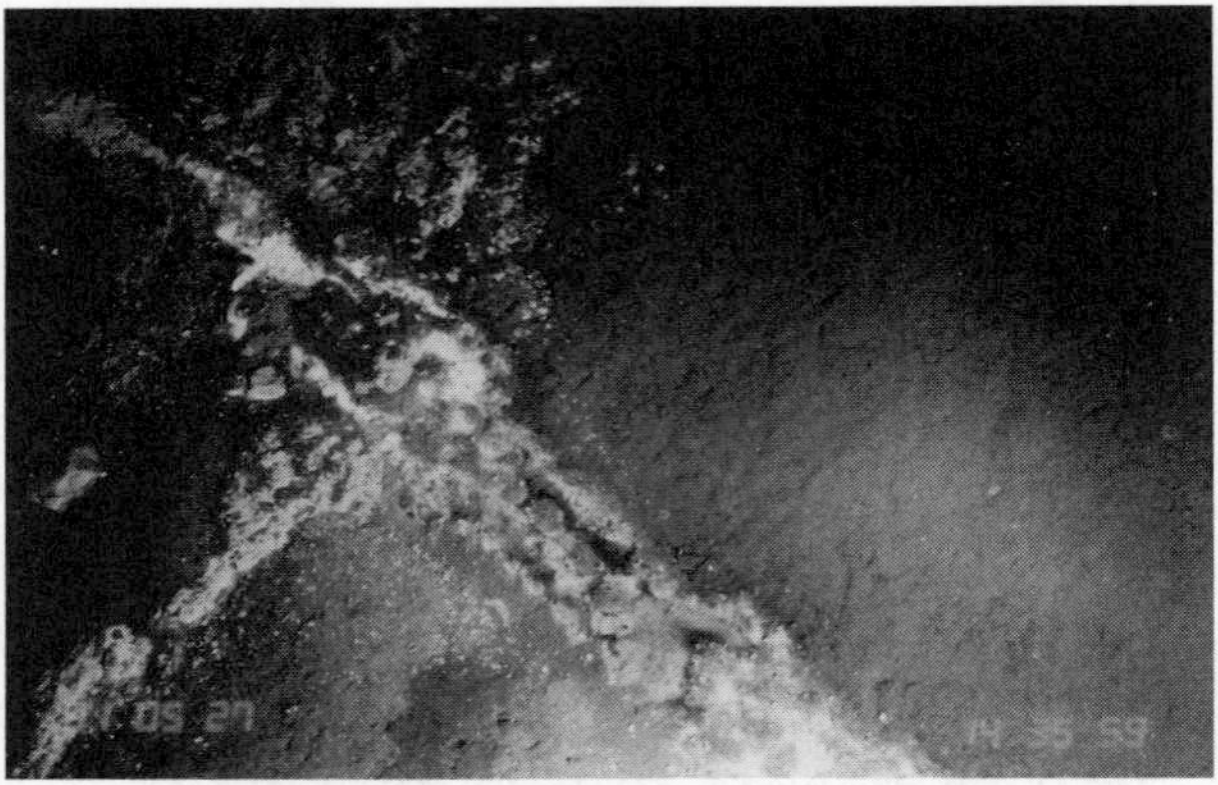

奥尻海嶺の生物群集。地割れに沿ってバクテリアマットが見られる（竹内章撮影　©JAMSTEC）

新潟地震・日本海中部地震と海底の変化

一九六四年六月一六日新潟地震が起こった。マグニチュード七・五の地震で死傷者は二万六四四七人に及んだ。このときはテレビが放映した昭和石油の火事が印象的であった。火事は七月一日まで続いた。そして新潟大橋も壊れた。私はこの地震の前年に新潟に行ってこの橋を夜、渡った記憶がある。新潟の北にある粟島は一m隆起し東側が上がるように傾いた。日本海地域では新潟地震が起こる前の一九四〇年の忍路《おしょろ》地震（積丹半島沖）までの間、約二六年間地震がなかった。この地震では初めて噴砂の現象が知られた。この地震の後、海底の変動を調べるため

「よみうり号」が水深三〇〇mの海底を探査した。地震研究所の森本良平氏らのグループであった。現場の調査は松田時彦氏や、中村一明氏らが行なった。狙いは海底の傾いた段丘の観察や採泥であった。このとき海底から泡がいきおいよく立ち上るのが観察されている。また震源付近の海底の地下構造の探査が東京大学海洋研究所の奈須紀幸教授のグループによって行なわれた。日本海区水産試験所の「みずほ丸」による音波探査であった。これらの調査の他にも重力、地殻変動、漁業などの調査が行なわれた。

一九八三年五月二六日、日本海中部地震が起こった。これは当時としては日本海で最大の地震であった（マグニチュード七・七）。地震の後、津波が押し寄せてきて一〇〇人もの人が津波の犠牲になった。震源は男鹿半島の北西一〇〇kmほど沖で、深さは一四kmときわめて浅い地震であった。津波の高さは最大一〇mであった。この地震のメカニズム（発震機構）は、海側が陸側に潜り込む東西性の逆断層であるという解釈と、垂直変異のほとんどともなわない横ずれとする解釈が対立した。後に述べるように、折しも日本海の東縁で新しい沈み込みが開始している可能性が二人の地球科学者によって提案されていたので、地震の解釈は大きな議論を呼んだ。

日本海が沈み込む

一九八三年二月に、東京八王子の大学セミナーハウスで二日にわたる「明日の地球科学を考える会」が催され、全国の大学や研究機関から九五名の研究者や学生が集まった。これは第二回目で私の主催による会であった。

このとき興味ある問題が提案された。筑波大学の小林洋二氏によって「沈み込みはなぜ始まる?」という夢物語(本人の弁)であった。それは日本海の東縁で新しく沈み込みが起こっていてもおかしくないという話であった。同じ年に中村一明氏がほとんど独立に日本海東縁で沈み込みが起こる話を『地震研彙報』に書いた。その直後に日本海中部地震が起こったのである。二人の根拠はこうである。

まず小林洋二説。彼は世界中の島弧—海溝系で起こる地球科学的な諸現象を整理し、プレート境界で密度などが非常に異なる時、沈み込みが起こりやすいと主張した。それで彼は日本海が今後の沈み込みを起こす可能性のある場所であると提案した。

次に中村一明説。彼は東北日本の日本海側に発達する第三紀からの活褶曲などの活構造が主として東西性の圧縮場で行なわれていること、そしてこのような褶曲帯が北海道までつながらないことに着目した。北米プレートのプレート境界を、従来の地形図では誰もきちんと決めていないことにも注意していた。そして日本海の水深のいちばん深い部分をつなぐと、そこで東西圧縮のストレスが解消されている、つまり沈み込んでいると考えた。この二人がこのようなモデルを考えている時に日本海中部地震が発生したのであった。

北海道南西沖地震直後の潜航調査

一九九三年七月一二日に、日本海で過去最大のマグニチュード七・八の北海道南西沖地震が勃発した。この日の前日に、当時静岡大学の徐垣氏が調査を行なっていた。というのは「しんかい二〇〇〇」の潜航調査が奥尻海嶺で行なわれ、その乗り継ぎがこの島であったからである。その後、彼は学生を連れて奥尻島を調査したのであった。私は地震が起こった直後に徐氏の家に電話をかけた。実はセンターのお世話になった民宿が地滑りで埋まって、そこのおかみさんが生き埋めになったからである。徐氏はちょうど飛行機で奥尻を飛び立った直後の出来事であった。彼は学生を残してきたのでとても心配であると言っていた。この学生小田川君は地震の後も奥尻島に残って調査をした。

この地震では特に津波がひどく島の南端の青苗地区は全滅であった。後に海洋科学技術センターの調査について述べるが、そのときに見たこの地区はそれはそれは悲惨であった。合計二〇〇名以上の方々が亡くなった。津波でやられた陸上以上に海底には大きな変動があったに違いない。地震が起こった後の海底はどんな様子だろう。まずディープトウ・カメラで海底の様子を探った。その後、無人探査機「ドルフィン3K」で海底の様子を見て「しんかい二〇〇〇」を投入、海底の観察やサンプリングを行ない、長期観測システムを設置した。この緊急の調査は事前に予定されていた潜航をとりやめて、今回の調査に最もふさわしい人材を選考してチームを作って行なった。それは海底の活構造に最も明るい人物で「しんかい二〇〇〇」で潜航したことのある人々が選ばれた（藤岡換太郎、田中武男、加藤茂、竹内章、倉本真一であった）。

まず海底を予察する——ディープトウによる調査

地震が起こったのが七月一二日であり、余震がまだ続く状態であった。緊急調査の体制ができて、まず八月一日から八月四日にかけて深海カメラなどを搭載した深海曳航体による海底調査を実施した。これは地震直後の海底がどんな様子なのかを予察的に見ることであった。奥尻島西方沖および本震域の二か所で、合計四本のカメラ測線（一測線あたり八—一八㎞）で連続海底観察が行なわれ、以下の四つのことがわかった。

(1)奥尻海嶺の東側の麓で最も大規模な地割れ群が存在し、その周囲に顕著な破壊地形、海底付近に著しい濁りが残っていることなどから、この一連の地震活動で動いた可能性が高い。海底表面にまで現われたと考えられる地震断層については、これらの観察からは明確ではない。

(2)海底地質は、未固結ないし半固結の堆積岩が主体であり、火山岩などの硬い岩石はわずかしか認められなかった。堆積岩の表面には広域にわたり数多くの地割れ群が発達していた。その方向は南北性、東西性とさまざまで、形態も多様であるが、すべて今回の地震によって形成されたと考えられる。急斜面域では各所で新鮮な斜面崩壊の跡が認められた。

(3)斜面の谷筋には、土砂に押し流されて死んだと思われるベニズワイガニや、固着性生物のヤギ類が土石に埋まった様子が認められ、これらは今回の地震で発生した海底地滑りの犠牲である。

(4)海底には、広範囲にリップルマークが見られ、南から北方向に強い流れがあったことを示す。これらは定常的な流れで形成されたものか、今回の地震活動による突発的なものかは即断できない。

無人探査機による安全の確認──「ドルフィン3K」による調査

カメラの予察的な調査の後、八月一三日および一四日の二日間にわたり、奥尻島沖の南西および西側斜面（水深一〇〇〇mから一七〇〇m）において無人探査機「ドルフィン3K」による潜航調査を三測線実施した。

この目的は潜水調査船「しんかい二〇〇〇」の事前安全確認であった。その結果、海底には特別な異常は認められなかったので、予定どおり潜航調査が行なわれることになった。

以下に地震に関係する地殻変動の痕跡について、参考のためビデオの解説を日記ふうに示した。

八月一三日（奥尻島南西斜面域）

（水深一三二〇m、深度計表示値、以下同じ）南西斜面の下部は、比高三〇m程の小さな崖と、泥で覆われた平坦面とで階段状の地形を形成している。その平坦面の上に開口地割れが見られる。幅二―三m、深さ五〇cm―一mで破断面は新しく、おそらく今回の地震によって形成されたと考えられる。

その後、斜面に対し逆に傾斜した急崖をともなう地溝状の地形を確認した。比高は一〇m以上である。

（水深一一五〇m）急斜面の麓付近で丸い海綿やヤギ類の集合が見られた。これらの生物は本来、露岩や大礫に付着して生活するものであり、このように崖下に半分砂泥に埋まるようにして存在しているのは非常に珍しい。地震により崖上部から土砂が崩れ落ちてきて、これらの生物を埋めたものと考えられる。深海カメラの曳航調査でもこのような現象は広く確認されていた。

（水深一〇二五m）急斜面の状況を観察。小規模な平坦面も見られるが、その断面は大小の礫からなる崖錐性堆積物（崖の崩落や崩壊でその麓に礫のたまったもの）でできている。

八月一四日（奥尻島西側斜面）

（水深一六〇〇m）比高約三〇mの小さな崖の麓に見られるベニズワイガニの大群とナマコなど。生物が非常に多く、海底の一部も変色しているのが観察される。これはこの付近に伏在する断層が存在する可能性がある。

（水深一五八四m）小さな崖の一部に鋭利な破断面を示す泥岩の露頭が観察された。

（水深一四七六m）平坦面上に多く発生する南北性の方向を持つ地割れ群が見られた。周囲の底質は非常に軟らかい泥である。

やはりディープトウでの観察と同様、土石流による生物の死骸、地割れ、変色域などが観察されている。これらの結果を踏まえて、いよいよ「しんかい二〇〇〇」による潜航が始まる。

「しんかい二〇〇〇」で津波の跡に潜る

ディープトウや「ドルフィン3K」の結果を踏まえて「しんかい二〇〇〇」の潜航が六回行なわれた。潜航の場所は奥尻島の西部および南西部の斜面に集中した。以下は潜航結果の簡単な要約である。

潜航番号六九八　八月一六日　着底一七九三m　離底一三九五m　観察者　竹内章（富山大学）

水深一六九〇m付近の斜面の傾斜が大きく変わる傾斜変換線に沿う地盤の膨れ上がりによって地震断層の伏在を確認した。またその頂部には巨大開口地割れ群をともなう地滑り性の大規模な斜面崩壊や、噴砂痕をともなう圧裂性地割れなど、今回の地震によると思われる地殻変動の証拠を得た。

潜航番号六九九　八月一七日　着底一七四一m　離底一一五五m　観察者　田中武男（海洋科学技術センター）

水深一二〇〇mおよび一六〇〇m付近には今回の地震で形成されたと考えられる開口割れ目や、崖錐性堆積物を確認した。これは奥尻島南西海域とは異なり、この地域がおもに地震にともなう海底斜面崩壊によって、長い期間かけて形成されていることを示している。

潜航番号七〇〇　八月一八日　着底一七七七m　離底一二五五m　観察者　倉本真一（工業技術院地質調査所）

累々たる海底斜面崩壊による崖錐性堆積物の存在は、この地域が活動的に隆起しつづけてきた証拠である。また水深一二七八m付近には地滑りとはまったく関係のない非常に新しい南北性の開口割れ目があり、この地域のテクトニクスを反映してできたと考えられる。

潜航番号七〇一　八月一九日　着底一六一〇m　離底一三五〇m　観察者　戸沢真介（プレス　時事通信）

水深一五六〇―一五七三mにかけて非常に新しい斜面崩壊を確認した。この急崖には過去の地震によると思われる液状化し流動した地層の断面も観察された。これは今回のような地震が過去から繰り返し起こっていた証拠であると考えられる。

潜航番号七〇二　八月二一日　着底一五八三m　離底一一〇〇m　観察者　藤岡換太郎（海洋科学技術センター）

水深一五六三mの東西性の急崖にはベニズワイガニ、ナマコ、ヒトデ、バイガイが通常の海底に比べて異常に密集していた。これは今回の地震により生態環境が変化したため集団移動した可能性が高い。またこの潜航では地震に関係すると思われる地割れ群やさらに多くの斜面崩壊の跡を広域的に確認した。

潜航番号七〇三　八月二二日　着底一三三五m　離底一二七五m　観察者　加藤茂（海上保安庁水路部）

泥の斜面上に倒れたヤギ類を確認した。これは地震にともなって乱泥流が発生した可能性を示すものと考えられる。

海底ステーションによる長時間観測

海洋科学技術センターでは、潜航調査以外にやや長時間にわたる観測を海底ステーションを設置して行なった。ビデオカメラ、流向・流速計、CTD（温度・深さ・塩分濃度）、濁度計などを搭載した海底ステーションを奥尻島南西沖の水深一七〇〇mの地点に設置し、九月二日から七日までの六日間、海底表面の状態と環境の変化をモニターした。裂け目や海底面の変色、生物活動の変化をビデオカメラで、流れ、水温、濁りなどの変化を、流向・流速計、CTD、濁度計で観測した。九月三日と七日にビデオカメラと濁度計で観察された濁りの発生は、海底地震計や陸上地震観測網で観測された地震と密接に関連していることがわかった。これは、海底地滑りなどの海底変動にともなって濁度変化が生じたと考えられた。

また振動および水中音波の観測を、地震発生から二か月後の九三年九月と八か月後の九四年三月に行なった。九三年九月の観測では、四台の海底地震計を約五km間隔で海底ステーションの近傍に設置（水深一四〇〇—二七〇〇m）し、八月三一日から九月六日までの七日間にわたり観測を行なった。その結果、余震が、局所的に海底に変動を生じ得る浅い震源分布を持つことが示された。これは、ステーションで観察された濁りの発生原因として、地震による海底地滑り等を考えるうえで重要な結果である。また、余震の分布が南西に傾いた板状をしていることがわかり、断層面の形状を示していると考えられる。

地震により海底にどのような変化が起こっていたのか

一連の調査で地震の発生と海底の変動に関する重要な観察結果が集積された。以下にそれらについて少し解説する。

噴砂　噴砂は新潟地震の時に発見され、そのままこの名前が定着した。堆積物に含まれている水は、通常はその上に次々に堆積する堆積物の重みによって上方へ吐きだされるが、水を通しにくい層があると地下深部に閉じ込められ非常に高い圧力状態のまま存在している。これが地震などによって上方とつながると圧力が解放され、急激に勢いよく噴き出す。この現象を噴砂と言う。炭酸系の飲み物を振ったりすると蓋を取った時に勢いよく噴き出すのと同じである。奥尻では水深一六〇〇m付近で直径二mもある噴砂が発見されているが、この水圧は一六〇気圧であり噴砂はそれ以上の圧力で噴き出したのである。阪神・淡路大震災の折、神戸ではポートピアなどで噴砂がいたるところに認められている。地下深部の水の状態を知ることがいかに大切であるかがわかるであろう。

裂け目　奥尻では海嶺の斜面や震源に近い海底に数多くの裂け目が見つかった。また裂け目が再び閉じて、そこが盛り上がったプレッシャーリッジも発見されている。

噴砂跡（竹内章撮影　©JAMSTEC）

土石流により死んだ生物を求めてベニズワイガニが歩きまわる（藤岡撮影　©JAMSTEC）

これらの裂け目は必ずしも堅い岩石が壊れてできたのではなく、むしろ未固結の堆積物にできているのである。このような発見は、従来堅い岩石ばかりを研究してきた地質学者にとっては驚くべきことであった。三陸沖の日本海溝の海側の斜面に形成された裂け目を、私と竹内章氏は地震に関連した裂け目であるとした。奥尻の裂け目はどんな軟らかいものでも、急激に力を加えると海底で観察されたような裂け目ができることをわれわれに教えてくれたのである。

斜面の崩壊　地震による斜面の崩壊はいたるところで起こった。斜面崩壊は規模の大きいものでは数㎞にもわたる範囲がいっせいに崩れ去る。一般的には地震や地震に関連する揺れが引金になるが、火山の噴火や洪水などに起因することもある。奥尻では斜面崩壊の規模は小さいが、数は多いのが特徴である。

カニの死骸　土石流は長崎県雲仙岳の火砕流の発生と大雨による濁流などによって、今やよく知られるようになった。特に固定カメラによる映像などで見る、その凄まじいばかりの威力はわれわれの想像を越えている。土石流は泥が主になった流れで水に比べて密度が大きい。密度の大きい媒体の中では岩石の礫などは簡単に浮いてしまう。土石流の恐ろしいのは、その中に巨大な礫などを含んでいる場合である。これが勢いよく斜面を流れ下ると、草も木もなぎ倒してしまうのである。土石流が海中で起こると海底に生息している生物はひとたまりもない。脚の折れたベニズワイガニ、倒れたヤギ類は土石が斜面の上方から勢いよく流れ下ったことを物語っている。

日本海の基盤はどこか——掘削調査より

日本海ではDSDPの第三一節で掘削が行なわれている。このときは四本の掘削が行なわれたが、基盤の玄武岩層にまでは達していない。一九八九年の伊豆・小笠原の掘削航海の後、東京大学海洋研究所の玉木賢策氏らの航海が始まった。その後、一航海おいて第一二九節で同じく末広潔氏らが航海を行ない、多くの日本人が活躍した。以下はこのときの紹介である。

まず基盤の問題である。これは一九六六年の日米科学調査で、ラドウィックたちが日本海盆が通常の海洋地殻と同じ構造を持つことを音波探査によって示した。そうであれば玄武岩層が必ず存在するはずである。この航海では二本の掘削孔で基盤と思われる玄武岩に達した。両方とも海底から約五五〇mの深さで玄武岩に行き当たった。ところがその玄武岩を掘り抜くと再び堆積物が出てきた。そしてその下にはまた玄武岩が出てくるというように、玄武岩と堆積岩が繰り返し出てきたのである。これらは今から一五〇〇万年前頃の堆積岩で玄武岩はその中に貫入していた。実は東北日本の日本海側には、今から一五〇〇万年前頃にたくさんの玄武岩の貫入岩帯（ドレライトという玄武岩と同じ化学組成でそれより粒度が粗い岩石）が知られている。新潟県の間瀬《まぜ》や山形県の温海《あつみ》、瀬見《せみ》などのドレライトである。これらの玄武岩質な岩石は、日本海ができる時にできた岩石であることがわかっている。

ところが日本海の玄武岩と堆積岩の地層が地震波の速度による構造解析で見られる基盤であるのかどうかには問題がある。実は同じような岩石が四国海盆でも得られている。これは三点の掘削孔で出現する。これが同じように堆積岩を何回もはさんでくるのである。そしてこの玄武岩類は実は中央海嶺に出てくる玄武岩よりアルカリ元素に富むことがわかっている。背弧海盆が拡大を始めた頃は、まだ水深も浅く出てくるマグマも多少異なるのであろうという説明しか、今のところ得られていない。

日本海は西から深くなっていった

元北海道大学の小泉格氏は珪藻化石の専門家である。天皇海山列の掘削では共同首席研究員を務めており、元海洋科学技術センターの木下肇氏とともに日本人としては深海掘削計画に一番多く参加している研究者である。日本海の掘削では地層の年代の決定は寒流系の珪藻化石による方法が独り舞台であった。彼は掘削によって以下の四つのことを明らかにした。（1）後に出てくるオパールAとオパールCTとの相転移は時間面と斜交すること。（2）日本海域の上部中新統から第四紀にかけて実に四〇の珪藻化石の基準面が設定された。（3）後期中新世から鮮新世まで（八〇〇万年前―三五〇万年前）の約四五〇万年の間、対馬海流は対馬海峡を通って日本海に入っていない。（4）第四紀の珪藻化石遺骸の群集はユーゴスラビアのミランコビッチによって提唱された地球の自転や公転軌道の周期的な変化に関係するミランコビッチ・サイクルに規制された氷河性海面変動の影響を受けていた。

スタンフォード大学のジム・イングルは有孔虫の大家である。彼は日本海の堆積物に含まれる底生有孔虫を用いてさまざまな時代の古水深を決めた。この研究によって日本海の時間的な変遷がわかる。日本海は西からだんだん深くなっていったことがわかった。すなわち日本列島は西から、まず大陸から分かれはじめ、次々に東へと伝播してゆき水深が深くなっていったというシナリオである。

日本海形成のシナリオ

日本海はいちばん最初、寺田寅彦によって大陸移動によって形成されたと考えられた。掘削やそれに関連する多くの事実から、玉木氏らは日本海の発達史を現在、次のように考えている。まず日本海は約二八〇〇万年前以前に地殻が引っ張られて割れ拡大を始めた。それは日本海の東縁を画する大横ずれ断層（ずれの変位の垂直成分より水平成分のほうが卓越する断層）沿いに最初の断裂が起こり、そこから海底拡大が開始され、一八〇〇万年前頃までに西へと伝播し、日本海盆の東半分を形成したというシナリオである。また奥尻海嶺は今から一八〇〇万年前以降、逆断層によって隆起を始めたこと、そして奥尻海嶺を隆起させるような圧縮の場が約五〇〇〇万年前頃より起こったことを明らかにした。

神戸大学の乙藤洋一郎氏らは、日本海がユーラシア大陸から分離しはじめたのは約一六〇〇万年前―一五〇〇万年前の間で、その間にきわめて速い速度で拡大したことを陸上の古地磁気学から提案した。

日本海の形成に関するシナリオは、まだいくつかのモデルがあって議論の余地がある。日本海盆の海洋地殻は約一八〇〇万年前に始まった東西圧縮で、奥尻海嶺の形成とともに陸（この場合は奥尻海嶺そのもの）へのし上げるいわゆるオブダクションを開始した点に関しては多くの人が認めている。

地殻熱流量とオパールCT

オパールという宝石がある。蛋白石とも言う。これは石英と同じ化学式であるが水を含んでいる。この鉱物は実は珪藻によって分泌され珪藻の殻をも形成している。それをオパールAと言う。有機シリカである。これが海底につもり、その上を堆積物が覆い圧力や温度が高くなるとオパールCTという鉱物になる。CTとはクリストバライトというシリカ鉱物で、石英と同じ化学式を持ち結晶構造の違う鉱物である。地質調査所の倉本真一氏はこの鉱物の相転移と温度、海底の音波探査断面の中に見られるBSRに着目した。この簡単な鉱物を使うことによって地下の温度分布を推定しようというものである。日本海の掘削孔の堆積物のオパールによる温度分布は、BSRによるそれときわめてよい一致を示した。

掘削孔を使った大規模な実験

末広潔氏らは掘削孔に孔内地震計を設置し、ロギング（孔内の物理計測法のひとつ）のケーブルを使って信号をデジタル記録した。このとき海底地震計を海底に八台設置し、人工地震を起こして三次元的な地震計の並び（アレー）を作って地震の観測を行なった。この結果、大和海盆は一八㎞近い厚い地殻構造を持つことが明らかにされた。また地震波の異方性が確認された。地震波の異方性とは、上部マントルを構成するカンラン石などがある方向に結晶軸を同じくして並んでいる時に、そこを通る地震波にやや速い方向と遅い方向とが認められる現象を言う。このことによって地下深部の応力分布などが明らかになる。この現場実験は、来るべき二十一世紀の海底実験のさきがけとも言うべき画期的な実験であった。

沖縄トラフで見つかった熱水鉱床

沖縄トラフは中国大陸から最近二〇〇万年ほどの間に離れた活動的な背弧海盆である。沖縄トラフは多くの人によって、活動的な熱水が発見されるであろうと思われていた。一九八六年「しんかい二〇〇〇」が伊平屋海凹《かいおう》の調査を行なった時、海底から四〇度の熱水が出てきていることがわかった。その後、多くの地殻熱流量測定などが行なわれ、一〇〇〇mW／㎡という高い値が得られたため高温の熱水が発見されるのは目前であった。一九八八年ドイツの「ゾンネ号」による調査やサンプリング、海洋科学技術センターのディープトウによる調査で伊是名海穴から海底の熱水が発見されている。わが国で最初の熱水の発見であった。ここでは主として「しんかい二〇〇〇」や「ドルフィン３Ｋ」などによって熱水の調査が行なわれた。

現在、熱水の見つかっている場所は伊是名海穴、伊平屋海凹、南奄西海丘《みなみえんせいかいきゅう》などである。最初に見つかった伊是名海穴では、ＪＡＤＥと呼ばれるサイトの詳しいマッピングや地殻熱流量の測定、熱水や鉱石の採集などが行なわれた。ここは炭酸ガスの噴出をともなう特異な熱水系であることがわかった。ずっと北の奄美大島付近の南奄西海丘では、水深七〇〇ｍのところに勢いのよいブラックスモーカーが見つかった。ここでは銅、鉛、亜鉛などの硫化物の他に自然硫黄の塊が見つかっている。自然硫黄は島弧の火山フロントの火山の噴気孔で見つかっており、わが国の唯一自給できる鉱産資源であった。南奄西海丘は火山フロントに近く、島弧と背弧的な両方のマグマの影響を受けているのであろう。後述するマリアナトラフ最南端の熱水系も島弧と背弧の両方の性質を併せ持っている。

マリアナトラフ——多数の熱水系を持つ背弧海盆

マリアナ海溝のところで少し触れたが、マリアナトラフは活動的な背弧海盆である。これは掘削や地磁気の縞状異常から約六〇〇万年前から拡大を始め現在に至ったとされている。マリアナトラフの形は東に張り出した三日月形をしており、その西は西マリアナ海嶺と呼ばれる古い島弧で区切られている。ここでは「アルビン」や「しんかい六五〇〇」の潜航調査によって多数の熱水系が発見されている。一九八二年東京大学海洋研究所の「白鳳丸」の航海で、堀部純男、K・R・キム、H・クレイグの三氏はマリアナトラフの中部海域の深層水から、熱水活動に関係すると見られるメタンガスの濃度の異常を発見した。一九八七年にはすでに述べた「アルビン」が北緯一八度付近に潜航して、水深三六〇〇mの海底から温度二八七度の熱水チムニーを発見している。その後、一九九二年には「しんかい六五〇〇」が、北緯一八度付近を潜航調査した。マリアナで最初に熱水が発見された時、それはアリススプリングと名付けられた。その後一九九三年には南のグアムの西からも熱水が見つかっている。うさぎ海山と呼ばれる水深一五〇〇mのところにある山は一面の白いバクテリアマットで覆われていて、まるで雪山のような景色であった。海底の噴火が近い過去にあって、バクテリアの大発生、ブルーミングがあったと考えられている。マリアナトラフは中南部全域にわたってきわめて活発な熱水噴出活動が認められている。ところがトラフの北の端はまだ拡大しておらずリフティング（裂けて広がること）の段階である。ここでは熱水はまったく見あたらないが、リフトの中央から地殻の下部や上部マントルを示す岩石が得られている。

北フィジー海盆――海の真中の背弧海盆

北フィジー海盆はオーストラリアの東、フィジー島のすぐ西に広がる半円形をした海盆である。全体の形は舌を出したような形と言うほうが適切であろう。北の境界はビチアズ海溝、南は張り出したニューヘブリデス海溝で区切られる。東の続きはトンガ海溝で、西はソロモンからパプアニューギニアへとつながる。海のど真中にできた背弧海盆である。しかしここは海洋性の島弧と海溝に囲まれたきわめて複雑な場所である。南北西の拡大軸が北では二股に分かれている。

北フィジー海盆の調査は一九八八年から科学技術庁の振興調整費で行なわれた。これは日仏共同研究でディープトウや「しんかい六五〇〇」を用いた研究であった。北フィジー海盆は速い拡大をしている背弧海盆である。約一二〇〇万年前くらいから拡大を始めている。フィジーの陸上には新しい黒鉱鉱床が知られている。そして東北日本の新第三紀の地層ときわめてよく似た地層が分布している。

フィジーではホワイトレディという巨大な白いチムニーが発見された。ここに温度計や海底の観察システムなどが設置され、観測が行なわれた。溶岩の性質は枕状溶岩やシートフロー（板のように薄く流れた溶岩）、溶岩の柱であるピラーなどが認められた。これらは高速の拡大軸である東太平洋海膨の軸部の性質とよく似ている。

二つの異なった熱水系を持つマヌス海盆

マヌス海盆とはパプアニューギニアの東に存在する背弧海盆である。海域はビスマルク海である。パプアニューギニアには活火山がいくつも知られている。ここでの調査は北フィジー海盆と同様に科学技術庁の振興調整費によってまかなわれる日仏共同研究であった。オーストラリアやカナダの研究者も参加した国際的な研究計画であった。海嶺は地球上六万キロにもわたって分布しているから、世界中の海嶺の調査は一機関一国ではもはやできない。したがって国際的な協力のもとで行なうべきであるとして発足したインターリッジという計画が国際的に走っている。

マヌス海盆ではパックマヌス、デスモスとビエナウッドで熱水が発見されている。ここには島弧的な性質と背弧的な性質が同居している。得られた鉱石や熱水は東北日本の陸上にある黒鉱鉱床の鉱石に類似していた。パックマヌスは背弧のリフトに相当する。デスモスはきわめて珍しい熱水で島弧の火山フロントか、または背弧リフトに相当する。ビエナウッドは背弧海盆である。

マヌス海盆の調査では、二つの異なった性質を持つ熱水系が発見された。一つは通常の高温のブラックスモーカーで、ビエナウッドやパックマヌス地域であった。ここでは温度の高い二七〇度近い熱水に、巻き貝やエビが群がっていた。もう一つは低温（一二〇度くらい）にもかかわらず水素イオン濃度のきわめて低い熱水が見つかった。東京大学海洋研究所のディープトウにより、デスモスが発見したデスモス地域である。後者は青森県恐山、山形県蔵王、鹿児島県硫黄島の温泉のようにpH3くらいの酸性のものであった。これにともなう熱水噴出孔生物群集も当然異なる。ハオリムシやシンカイコシオリエビなどがいるが、巻き貝は存在しない。自然硫黄などが出てくる。

これらの異なった熱水系は硫黄化の違いを反映している。つまり、やや温度の低い水素イオン濃度のところでは高硫黄化が起こっていて明礬石《みょうばんせき》が特徴的に出現する。東北日本では火山フロントに近い温泉に出現する。一方は逆にカリ長石などが出現する水素イオン濃度の高いもので、東北日本では背弧凹地に出現する。このように対照的な熱水が出現するのは、マヌス海盆が島弧的な性質と背弧的な性質を併せて持つことを示唆しており、一五〇〇万年前の東北日本のテクトニックセッティングときわめてよく似ている。

熱水活動の化石、黒鉱鉱床

東北日本の新第三系には黒鉱鉱床と呼ばれる銅、鉛、亜鉛の鉱床が存在する。これは約一五〇〇万年前に形成された海底火山性熱水鉱床である。釈迦内《しやかない》、小坂などの鉱山が有名であるが、相次いで閉山してしまった。黒鉱鉱床は日本の研究者によってよく研究されている。佐藤荘郎氏は黒鉱鉱床を黒鉱、珪鉱、黄鉱、白鉱に分けた。それぞれ特徴的な色をしているためで、黒鉱は銅、鉛、亜鉛による黒、珪鉱は鉄の入ったシリカで透明から緑や赤、黄鉱は銅、鉄による黄色、そして白鉱は石膏による白色という具合である。完全な黒鉱鉱床地帯には、これらの四つの鉱石の組み合わせが層状構造をなして出現する。鉱床を作る鉱液の化学組成や温度、圧力などの条件、そして地質帯としての特徴がまとめられた。

黒鉱が海底で形成されたことは明らかであるが、それが現在の海底ではいったいどこだろうという議論が、一九七〇年代の終わり頃から盛んに行なわれてきた。たとえば紅海の底に異常な高温で高塩分濃度の金属を含んだ水の存在することが、一九六三年に明らかになった。しかし鉱床の現代版がにわかにクローズアップされたにもかかわらず、陸上の鉱山は相次いで閉山し、研究者の興味は薄れてしまった。皮肉なことに、そのような頃に海底から熱水チムニーが発見され、海底火山性の鉱床の成因が議論できる条件がようやくととのってきたのである。

私は昔、伊豆・小笠原や沖縄トラフに黒鉱が存在する可能性を指摘した。東北日本の一五〇〇万年前頃の地形、地質、古生物、鉱床、火山などに関する論文をたくさん読んで、東北日本の当時の地形断面図を復元したのである。そのときに私が興味を覚えた二つの論文がある。一つは北村信氏の仕事である。現在の東北日本の背骨とも言うべき脊梁山脈のすぐ近くが、南北性の細長い地向斜性の凹地で、深海底であったとするものである。地向斜とはプレートテクトニクスが出てくる以前の造山運動論で用いられた用語で、狭くて細長い地溝に堆積物が厚くたまった浅い場所である。今ではほとんど使う人はいない。今一つは秋田大学の井上武氏の黒鉱ベルトであった。黒鉱の分布が幅二〇㎞ほどの南北の細長い地帯にすっぽりはまってしまうというものであった。両者はほぼ同じ場所にあった。

このような手がかりは当時、伊豆・小笠原を研究していた私にとっては天啓とも言うべき論文であった。私は今から一五〇〇万年前の地形断面や地質が現在の伊豆・小笠原のそれとまったく同じであることに気が付いた。現在の須美寿島を通る断面である。一九七四年に地質調査所の最初の長期航海の折、学生アルバイトで乗船し、この地域の音波探査やドレッジに従事した。私は黒鉱鉱床が現在の伊豆・小笠原の背弧凹地や沖縄トラフに形成されているという論文を『鉱山地質』の特別号に書いた。話をまとめたのは一九八一年であったが、論文として世に出たのは一九八三年のことであった。しかし残念ながら、その後長い間、伊豆・小笠原からは熱水性の鉱床は発見されなかった。

しかしついに一九八七年、伊豆・小笠原の背弧リフトから黒鉱鉱床と同じ硫黄の同位体を持つ鉱石が「アルビン」の潜航によって発見され、私の考えの正しいことが証明された。またその後、伊豆・小笠原から熱水噴出孔が次々と発見されたのである。しかし私は最近では本物の黒鉱鉱床の現代版は、先に述べたマヌス海盆であろうと考えている。

キースラガー鉱床の現代版はどこか

江戸時代から四国の別子《べつし》には巨大なキースラガーという含銅縞状硫化鉄鉱床（名前はいかめしいが要は銅を含む硫化物が縞状に鉱床を形成しているもの）の存在が知られている。この鉱山は三波《さんば》川変成岩帯の中に形成されている。紀伊半島では飯盛鉱山、静岡県では久根鉱山や峰の沢鉱山であった。この鉱床は堆積物の堆積層に沿って黄鉄鉱の結晶が並んでいるのが特徴である。この鉱床の現代版はどこかというのも大きな問題であった。

キースラガーの現代版の一つは米国西岸沖にあるファン・デ・フーカ海嶺であろう。

これはバンクーバーの沖にある海嶺であり、陸に近い部分は厚い堆積物で埋まっている。この埋もれた海嶺に鉱床のもとになる金属を含んだ高温の熱水（鉱液）が入ってくると、海底の表面には出られなくてシルとして堆積物の間に貫入する。シルとは地層の層理面（海底に平行にたまった地層の境界面）に沿って入ったものを言う。シルとして入った鉱石はその後、海嶺の熱で変成作用を受けキースラガーと同じ構造になる。このようなことがファン・デ・フーカ海嶺のミドルバレーのODP第一三九節と一六九節の掘削で明らかにされてきている。

コーヒーブレイク――奥尻訪問

一九九三年の北海道南西沖地震は、近代的な地震の観測網や研究体制ができてから最初に起こった地震であった。多くの研究者がいろいろなかたちでこれに参加した。海洋科学技術センターも例外ではなくこの海域の調査を行なった。私は「ドルフィン3K」と「しんかい二〇〇〇」の航海で奥尻島周辺の調査を行なったことがある。このときは不覚にも飛行機に乗り遅れてしまった。空港に着いたのは出発時間であった。すぐに三つの飛行機会社に登録したが、お盆であったため空港は帰省する人々でごった返していて、結局は二時間待たされて札幌に着くことができた。また函館からレンタカーを借りて江差まで飛ばし、その車で交代の田中武男君が函館に戻ったこともある。洋上から眺めた奥尻島は海成段丘がよく発達していた。また津波ラインが船からはっきり見られた。奥尻島そのものを訪問したのは後に北海道大学で行なわれた地質学会の巡検（大勢で野外地質調査をすること）の時であった。北海道の檜山や後志利別川の噴砂など広い範囲にわたって土砂崩れなどの被害のあることがわかった。いちばんくやしかったのは三八ｍの津波で奥尻のウニが全部打ち上げられてしまってカラスの餌になっていたことである。

青苗地区は悲惨であったが、復興も早く家がどんどん建てられていた。しかし冬はたいへんだろうなと思った。家の梁を止めている太いビスが津波で曲げられてしまっているのを見て津波の来た方向がわかるのであるが、その威力にゾッとしたものである。

第五章

日本列島周辺のプレートの境界

再び潜水調査船科学

最初に潜水調査船科学の利点を縷々《るる》と述べてきた。ところが本書を読むにつれて、潜水調査船だけでは物足りない部分があることに賢明な読者諸君は気が付かれたであろう。潜水調査船で海底を観察したり観測したりすることは、いわば地質学者が見とおしの悪い山の中を、ほんの短い時間歩きまわって調査するようなものである。潜水調査船では光をあてて見える範囲はせいぜい一〇m四方くらいである。これでは、とうてい広域にものを見たり考えたりすることはできない。今、日本列島とその周辺全体を見てもその規模は優に南北に約二五〇〇㎞、東西に約一五〇〇㎞である。この範囲をくまなく潜水調査船で見渡すには少なく見積もっても一〇〇〇年はかかるだろう。そうすると、日本列島周辺の全体が見えて総括的な議論ができるようになるまでには数世代かかるのであろうか。答えはノーである。潜水調査船に代わる別の方法を用いて、多くのデータを組み合わせて広い範囲を考えることができるからである。この章では潜水調査船だけでなく、さまざまな研究の結果をまとめることによって明らかとなった日本列島とその周辺の海域全体がどのような特徴を持っているのかを見渡してみたい。各章ですでに述べてきたことと重複する部分もある。

陸上の地形の特徴

国土地理院の作成した地形図を見ると平板な大陸とは異なり日本列島は山脈、盆地、平野などが狭い範囲に分布している。北海道には南北性と東西性の両方の構造が共存しており、この交点に位置する大雪山は北海道の最高峰を形成している。北海道の基本的な骨格は中軸部から西側にあり、ここでは第三紀より古い構造が東北日本から続く。これは現在の日本海溝に平行である。石狩平野を含む低地は日高と道南の間にある低地である。中軸部には第三紀に隆起した日高山脈が北西―南東方向に走る。日高から知床半島にかけては千島海溝に平行に走る火山フロントに活火山が見られる。

東北日本では太平洋側から南北方向に走る三列の山脈系が顕著に見られる。これらの構造はすべて日本海溝に平行で、北では南北から、南は徐々に北東―南西方向へと向きを変える。北上、阿武隈の古生層からなる山脈（北上高地、阿武隈高地）、真中を火山フロントである脊梁山脈（奥羽山脈、越後山脈）、西に鳥海山などの火山の列が走り（出羽山地）、山間の盆地がその間を埋める地形である。火山フロントには洞爺や十和田などの巨大カルデラが並ぶ。

中部日本は山脈が杉の字のつくりのように分布している。西から飛驒山脈（北アルプス)、木曾山脈(中央アルプス)、赤石山脈(南アルプス)である。糸魚川―静岡構造線をはさんで東北日本との境界に関東山地が関東平野の西を区切っている。関東平野は日本で最大の平野で周辺の山脈から削り取られた土砂が扇状地を形成している。

近畿地方は近畿トライアングルと呼ばれる丹波高地、紀伊山地、伊吹山脈と鈴鹿山地が囲む。大阪平野、京都盆地そして琵琶湖が低地を形成している。

中国山地は主として花崗岩からなる古い山脈で、大山と三瓶山以外に活火山はない。四国では中央構造線の南では四国山地が南海トラフに平行に東西に走る。

九州では真中を南北に阿蘇山などの火山がフロントを形成している。別府から長崎にかけては別府島原地溝帯が東西に走る。

日本列島全体を見ると飛驒山脈から中央アルプスを含む地域が地形的に最も高く、北日本は徐々に高度を下げる。近畿から中国にかけては地形は低い。陸上の山脈はおおむね関連する沈み込み帯の方向に一致している。このように見ると実は陸上の地形は、まさにプレートの沈み込みに関係したテクトニクス、言いかえれば地下深部の変動現象によって規制されていると言える。

海岸線と湾の特徴

日本列島の海岸線は一般的に単調である。三陸地域と紀伊半島の東部、若狭湾、四国の宇和島、そして長崎の佐世保付近には顕著なリアス式海岸が見られる。また日本の平野の発達が悪いのは、山脈から海岸までの距離が短く河川が急であるためである。

日本の湾は主として三つの成因でできている。一つは海水準の上下によるもので、東京湾や大阪湾がこれにあたる。海面の低下期には陸であった。二番目は火山性のもので火口やカルデラそのものである。鹿児島湾は姶良カルデラそのものである。第三番目が地下深部の変動現象テクトニクスに関係するもので前二者に比べて格段に水深が大きい。前二者はすべて水深二〇〇m以浅である。ところが三つだけ一〇〇〇mを越す深い湾がある。富山湾、駿河湾そして相模湾である。これらに共通するのはプレートの境界が湾の中を走っていることである。相模湾と駿河湾はフィリピン海プレートに関連する。富山湾は日本海東縁で新しい沈み込みに関連している。

海底の地形――海溝と背弧海盆

日本列島周辺の海底地形図は海上保安庁海洋情報部が発行している。それにはさまざまな縮尺や種類がある。基本は一〇〇万分の一や三〇〇万分の一の海底地形図で、日本列島周辺が前者では五枚で後者では四枚でカバーされている。日本列島全体が含まれるものには一〇〇〇万分の一のGEBCO世界地図や海洋情報部の浮き彫り式の地形図などがある。また地質図と海底地形図が一緒になったものに地質調査所発行の五〇〇万分の一の地図がある。

日本列島全体の海底地形で顕著な特徴は海溝の分布である。日本列島の東には北から千島海溝、日本海溝、伊豆・小笠原海溝、マリアナ海溝が走っている。また列島の南には相模トラフ、駿河トラフ、南海トラフ、琉球海溝が取り巻いている。北海道と東北日本、伊豆・小笠原の古いプレートの沈み込んでいる地域では火山フロントが海溝に平行で地形的にも顕著である。西南日本では、九州以外は火山フロントはあまり顕著でない。ロシアとの間には日本海、中国との間には沖縄トラフが、四国の南にはフィリピン海という背弧海盆が取り巻いている。地域ごとの詳しい海底地形を海洋情報部の一〇〇万分の一の海底地形図にもとづいて見てゆく。

北海道周辺の海底地形

北海道の南には千島海溝が北北東―南南西に走る。襟裳海山付近では水深七一七五mの広い海溝底を持つ。千島海溝の水深の最も大きいところはずっと東にある。海底谷が顕著で釧路、広尾、襟裳海底谷がある。このうち釧路海底谷は陸上の構造線と、さらにオホーツク海側の網走海底谷へとつながる。これは木村学氏（東京大学）の提案しているオホーツク古陸と北海道との境界をなす網走構造線である。千島海溝について顕著なことは徳田貞一氏によって提唱された千島列島の杉型（杉の字のつくり）雁行配列である。噴火湾は日高トラフとされているが、ここには負の重力異常が顕著である。日本海側には南北に奥尻海嶺が延び日本海の東の端（東縁）を形成している。海嶺から日本列島の間には南北に延びた武蔵海盆、後志《しりべし》海盆、奥尻海盆、西津軽海盆が平行に分布している。海底谷はまったくない。日本海盆は約三五〇〇ｍの平坦な海盆で名前のない海山を持つ。北海道と本州の間は津軽海峡であるが、顕著な海釜やチャンネル構造を持ち流れの速いことを示す。一方、サハリンと北海道の間の宗谷海峡は水深五〇ｍほどで海水準低下期には互いに陸つづきであった。

東北日本周辺の海底地形

太平洋側の襟裳海山から日本海溝は始まる。北ではほぼ南北であるが関東に近づくにつれて北東—南西方向に変わる。海溝の海側の地塁・地溝は九六頁の地形図でははっきりしない。鹿島の沖には第一鹿島海山が海溝にさしかかっている。海溝に平行な断層によって山体が半分に切られ、西半分は沈み込みつつある。香取海山や第二から第五鹿島海山がやがて海溝にさしかかる。日本海溝の前弧の特徴は、海底谷がまったく存在しないことと巨大な崩壊地形が存在することである。両者は互いに関係ある事柄である。前弧の水深二〇〇〇mより深い部分は馬蹄形の地形が顕著で、海側に開いた地形に対応して水深の深いところでは逆に陸側に開いている。これは陸上では顕著な地滑り地形である。海底でも同様のことが起こっていると考えられる。

日本海側は北海道とおおむね同じである。奥尻海嶺は南の佐渡海嶺へとつながる。陸との間には飛島海盆、最上トラフ、佐渡海盆が存在する、富山湾から富山深海長谷と呼ばれる蛇行した海底谷が大和海盆を越えてさらに日本海盆までつながる。これは急激に上昇する飛驒山脈の削り取られた土砂が黒部川を下ってきて黒部扇状地を作るが、それでは間に合わずさらに海底にまで運搬されるチャンネル、海底谷になったためである。日本海の大和海盆は水深二五〇〇m程の海盆であるが、その中に北東—南西方向に並ぶ大和海山の列（大和海山、明洋海山、明洋第二海山、明洋第三海山）が見られる。日本海の真中には大和堆がそびえる。ここでは浅いところが二四〇mくらいである。

中部日本周辺の海底地形

中部日本は最も地形の複雑な場所である。それは三つの海溝、三つの島弧が交わっているからである。房総半島の南東沖には日本海溝、相模トラフ、伊豆・小笠原海溝の交わる部分がある。水深は九二〇〇mと日本列島周辺では最も深く坂東海盆と呼ばれている。これは海溝の三重点と呼ばれており、現在は世界にここしかない。日本海溝には海底谷がなかったのに対して、伊豆・小笠原では顕著な海底谷が発達する。北から御蔵、南御蔵、青ヶ島などで、さらにその南にも大きな海底谷がある。海溝三重点の北には片貝、御宿、勝浦の海底谷がある。

伊豆・小笠原の火山フロントは島としてほぼ南北に並ぶ。大島、三宅島、御蔵島、八丈島、青ヶ島、明神礁である。これに斜交して大室ダシ、利島、新島、神津島が銭洲海嶺として南西へと延びる。これらの火山は利島を除いて火山フロントの玄武岩質な火山とは異なる流紋岩質な火山である。伊豆半島から西は南海トラフの系列である。南海トラフは水深四八〇〇mの平坦な地形で、陸側にはトラフに平行な高まりと低地の組み合わせが見られる。海底谷が顕著でトラフにまで達しているものは天竜海底谷、潮岬海底谷がある。付加体の中の地形的な高まりは海丘の名前で呼ばれている。前弧には熊野海盆、室戸トラフなどの前弧海盆が発達しているが、これは陸上の掛川地域の地質につながる。

伊勢湾や大阪湾、瀬戸内海はいずれも水深が一〇〇mより浅く海水準低下期には陸になっていた。古大阪川は淀川の延長で古吉野川と紀伊水道で合流し南海トラフへと注いでいた。

西南日本周辺の海底地形

四国の沖は南海トラフとその付加体の地形が顕著である。この地形は豊後水道の南で九州・パラオ海嶺によって切られる。ここには日向海盆がつながる。琉球海溝はここから南へと延びるが、北のほうでは水深がまだ五五〇〇mほどである。種子島の東には顕著な地滑り地形が見られる。一方、琉球の火山フロントは屋久島のすぐ西に島としてつながる。鬼界カルデラ、中之島、諏訪之瀬島、悪石島などで、一部サンゴ礁などが付いている。背弧の沖縄トラフは、この地域では水深は一〇〇〇mより浅い。火山フロントに平行に北東―南西方向に海丘が並んでいる。東シナ海の東海陸棚にはたくさんの海底谷が見られるが、これらは黄河からの堆積物のバイパスである。対馬は韓半島（朝鮮半島）と九州を結ぶ場所に位置するが、その近辺は水深が一〇〇m程度で海水準低下期には陸であった。対馬の北にある対馬トラフは、その当時は二〇〇mより深く川のようになっていた。対馬海流の流れる方向に大陸棚から下る谷、陸棚谷が発達している。

南西諸島周辺の海底地形

琉球海溝は、沖縄本島より南では水深が深く七〇〇〇mを越す。北から奄美大島の沖では海側の斜面に東西性の大きな構造が海溝にぶつかっている。奄美海台と大東海嶺、およびその関連の海山である。沖縄の南東では海側に顕著な地塁・地溝構造が発達する。これは海溝にほとんど直交している。また海溝にわずかに斜交する沖縄海底崖がある。沖縄の沖の前弧には顕著な深海平坦面が存在する。ケラマギャップの南では多くの小海底谷をともなった崩壊地形が見られる。琉球では前弧の古い地層群が島を作っている。奄美大島から西表島に至る島々である。これは東北日本では北上、阿武隈、伊豆では父島列島に相当する。

火山フロントは沖縄トラフのすぐ東に点々とつながる。沖縄トラフはこのあたりで水深一〇〇〇―一五〇〇mであるが、ケラマギャップより南では二五〇〇mより深くなる。南奄西海丘や、伊平屋海丘群や伊是名海穴では熱水が見つかっている。ここにはたくさんの海丘が存在し、まだたくさんの熱水噴出孔が発見される可能性がある。ところがケラマギャップより南では顕著な海丘は見られない。東海陸棚は中国の海域であるため地形はよくわからないが、揚子江に関係したたくさんの陸棚谷がある。それらは海底谷として沖縄トラフにそそいでいる。

水路協会が編集した『海のアトラス』という本には海底の鯨瞰図（海水を取り去った図形）が満載されている。しかし日本列島全体にわたって精度の高い地形調査──マルチナロービームを用いた調査──が完備されているわけではない。今後、早急に全体を埋める必要がある。

日本列島の陸上地質の概観

陸上の地質は地質調査所ができてから五万分の一、二五万分の一などの地質図ができている。最初の一〇〇万分の一の地質図は、小川琢治などの努力によってパリの万国博覧会に提出された。地層の分布などは現在の地質図とあまり大きくは変わっていないが、地質構造の考え方が時代によって変わっているために地質構造帯の解釈が異なるのは興味深い。

日本列島の地質を岩相（石の顔つき）や時代によって区別すると、東日本と西日本の二つの島弧系では、その分布に大きな特徴がある。すなわち、東日本島弧系の西半部には第三紀層の分布が広く、西日本島弧系には主として先第三紀の岩石が多い。また、地質帯は中央構造線を境に、太平洋側を外帯、大陸側を内帯と呼んでいる。西日本島弧系の特に西南日本外帯の中央構造線の南には、北から南へ秩父帯、四万十帯、瀬戸川―中村帯が東西方向に明瞭な帯状の構造配列を呈している。これらの帯は大雑把には北から南へとその時代が若くなる。秩父帯中には、三波川・御荷鉾《みかぶ》帯の低温高圧型の変成岩が含まれ、その時代は古生代から初期中生代である。四万十帯は中生代から初期新生代の砂岩・泥岩や放散虫を含むチャートや玄武岩が変成してできた緑色岩からなり、付加体であると考えられている。瀬戸川―中村帯は新生代の地層からなり、古第三紀にかけて花崗岩類に貫かれ、一部にその熱による接触変成作用を受けている。

内帯には、瀬戸内地域に中生代の領家変成岩類（花崗岩）が分布し、その北には古生代の低温高圧型の三郡変成帯および高温低圧型の飛騨変成帯が分布する。内帯には第三紀の火山岩が分布し、瀬戸内には中新世の高マグネシウム安山岩類が特徴的に産する。

一方、東日本島弧系の東北日本弧では、北上高地は早池峰構造線によって大きく北帯と南帯とに二分される。北上南帯には、古生代シルル紀から石炭・ペルム紀までの海底にたまってできた海成層がよくそろっていて古生代のタイプになっている。北上北帯には、ほぼ北西—南東方向の明瞭な帯状構造が認められ、西から東へ、岩泉構造線や田老構造線などの断層を介して北上北帯、岩泉帯、田老帯と呼ばれる地層が分布している。その年代はペルム紀から白亜紀へ東に順に若くなっている。東北日本弧にはさまざまな時代の花崗岩類が貫入し、まわりの岩石に熱による接触変成作用を与えている。北上南帯は、最近の微化石や古地磁気の研究から、南方より漂移してきた異質の大陸であると考えられている。北上北帯は一種の付加帯で、ジュラ紀に最も大きな付加が起こったと考えられている。古第三紀の地層は主として日本海溝の前弧域に厚く堆積している。新第三紀の地層は主として、第四紀の火山フロントより内側に広く分布しており、多くの地層中に火山岩類や火山砕屑岩類をはさみ、黒鉱鉱床や石油鉱床をともなう。このような造構運動（山脈や大きな構造を作る作用）は瑞穂造山運動によって形成されたと考えられている。また、最近では、プレートの周期的沈み込みによるものであるとも考えられている。この瑞穂造山運動によって形成された地質構造は、それより古い地層の構造方向とは大きく斜交し、現在の日本海溝の軸に平行である。

付加体により形成された日本列島

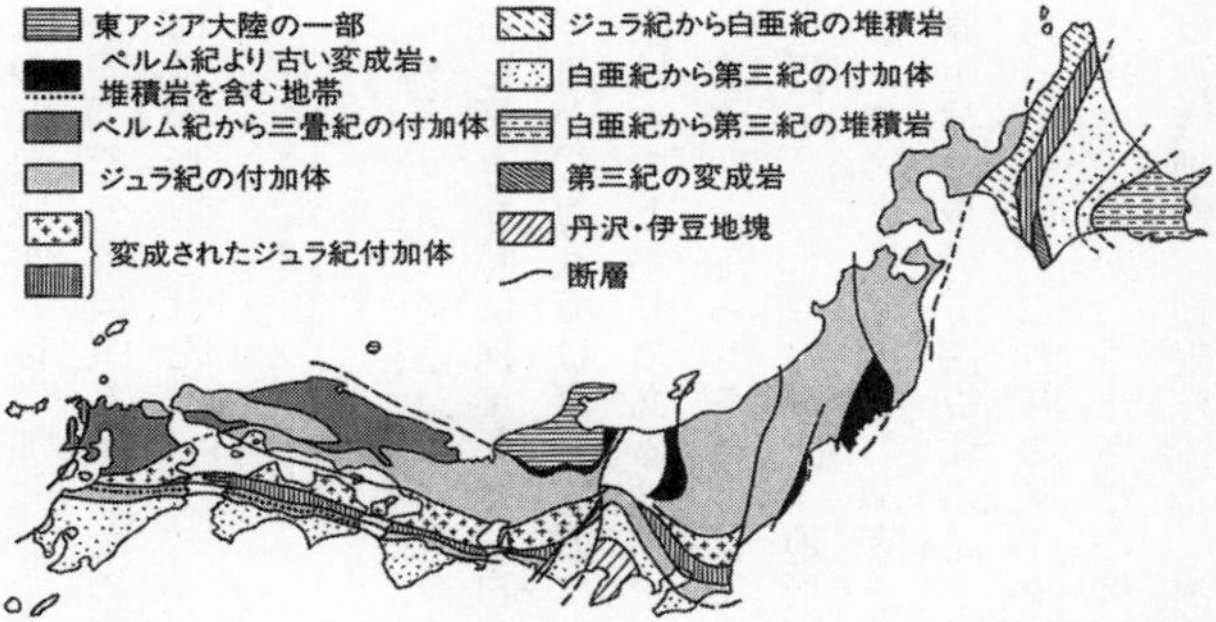

日本列島地体構造図。時代の異なる付加体によって形成されていることがわかる（斎藤、1992年による）

日本列島には五つの島弧が重なり合っている。北から千島弧、東北日本弧、西南日本弧、伊豆・小笠原弧、そして琉球弧である。島弧の重なる部分は北海道、中部日本そして西南日本である。中部では三つの島弧が会合している。そしてその歴史は以下のようである（図）。

先カンブリア時代からジュラ紀までは日本列島は大陸の縁にあった。その古日本列島（飛驒や阿武隈）にさまざまなものが付加した。古生代の海山やサンゴ礁である。これらのものが次々に付け加わってできた付加体が日本列島となったのである。そのおもな付加体形成のテクトニックな運動はジュラ紀に起こった。そしてそれ以降、白亜紀、第三紀を通じて付加体でありつづけた。この頃の付加体はほとんどが、それ以前に形成されていた先付加体の侵食されたものと海側から付け加わったものである。最後に新第三紀にユーラシア大陸から分裂して、その東に張り出したのである。分裂の後には日本海やフィリピン海などの背弧海盆が形成された。

海底地質調査の特殊性

海洋の地質を陸上の地質と同様に扱うのは不可能である。陸上では好きな場所の岩石を好きな時に採集して、自分の足で歩くことによって詳しい地質図を作ることができるが、海底では直接露頭にアクセスできないからである。通常われわれが行なう手段は次のとおりである。

まず船を走らせることによって該当地域の詳しい地形、重力、地磁気などのデータを得る。これで地形図、地形断面図、鯨瞰図、重力異常図、地磁気異常図などができる。この方法は陸上の調査を行なうよりも優れている点だ。陸上では、急峻な山岳や原生林を歩いて調査することは、並大抵の努力ではできないが、海洋ではただ船を走らせるだけでこれらのデータが得られるからである。

次に、船からさまざまな機器を海底に降ろして観測やサンプリングを行なう。観測は海底地震、地殻熱流量、海底の写真や映像など。サンプリングは岩石や堆積物、生物や化学である。これらは船からコントロールするので自分の思うところに必ずしも行かない。また地下深部の観測は音波探査や地震探査を用いる。潜水調査船や無人探査機によって、ピンポイントで海底を観察したりサンプリングや海底への機器の設置を行なう。また深い部分は掘削によって、より深いより古い地層を連続的にサンプリングができ、孔内計測ができる。これらの方法では広域に調査を行なうことが難しい。これらのものがすべてそろっている海域については、陸上と同じあるいはそれ以上の詳しい研究が可能になる。日本列島の周辺の海域では、深海掘削（DSDP、IPOD、ODP）などによって掘削の行なわれた地域は格段に地質がよくわかっている。すでに各章で地質についても述べているので、ここでは繰り返さない。

日本列島周辺の火山の特徴をプレートの動きから見ると

日本は火山国である。最近一〇〇年くらいをとっても桜島、雲仙岳、御岳、手石海丘、大島、三宅島、鳥島、磐梯山、駒ヶ岳、有珠山、昭和新山、十勝岳など多くの火山が噴火し災害をもたらした。日本火山学会では日本の火山の活動を一年に一回まとめて報告しているが、外国では世界の活火山のカタログができている。日本列島の地質時代からの火山活動のすべてを網羅することは難しいが、第四紀についてはよくわかっているので、第四紀や現在の火山という観点で日本列島を見ると顕著な特徴がある。『理科年表』には日本の火山について一四四の例が示されている。まず第一に東日本では火山活動が盛んであり、九州を除く西日本ではあまり活発でないという特徴がある。これは年齢の古いプレートの沈み込みにともなって火山活動が活発であるが、新しいプレートの沈み込みではあまり活発ではないことになる。

第二は東北日本から北海道にかけては明瞭な火山フロントが見られるのに、九州を除く西南日本でははっきりしないことである。東北日本ではさらに岩石の化学成分が太平洋側から大陸側に規則正しく変化することである。このような変化は深発地震面や、地殻熱流量などの物理学的な性質とよくマッチしている。

第三番目は火山活動の特徴、つまりどのような岩石ができるかである。九州ではカルデラを作るような安山岩から流紋岩質な岩石を作る壊滅的な噴火が卓越しているのに対して、伊豆・小笠原では玄武岩質な比較的静穏な活動をする。このような変化は岩石が形成される深さや岩石に含まれる水などの揮発性成分によると考えられている。京都大学の巽好幸氏は実験岩石学的な手法から、島弧の火山の形成される上部マントルでの深さや脱水分解する鉱物種（鉱物には水分が含まれているものがある。これらの鉱物は温度が上がると水分を放出して、別の安定な鉱物に変わる）などを決めている。それらは粘土鉱物、角閃石《かくせん》そして雲母である。上記の大きな違いは島弧の上部マントルの成分や沈み込むスラブから供給される水分などが影響しているようである。

日本の地震学史とプレートテクトニクス

日本は地震国である。そのためか地震の研究は古くから存在する。私は地震学に関しては門外漢であるが、地震にはたいへん深い関心を抱いている。ここでは素人なりに日本の地震学史を駆け足でまとめてみた。明治一〇年（一八七七）に東京大学ができた前後からジョン・ミルンやジェームス・ユーイングら外国人教師による地震学が導入された。明治一三年（一八八〇）には日本地震学会が創設された。明治二四年（一八九一）一〇月二八日には濃尾地震が起こった。この翌年、震災予防調査会が設立された。関谷清景の後を受けた大森房吉は東京帝国大学地震学教室の教授となった。それまでの間、地震の震源決定は大学と明治一五年から地震の調査を始めた中央気象台との間で先陣争いが行なわれていたため、同じ地震であるのにまったく違った震源が報告されたこともしばしばであった。

大森は、みずから大森式水平振子地震計を作製し大きな成果をあげた。同じ地震学教室の今村明恒は地震の襲来説を雑誌『太陽』（明治三八年九月号）に「市街地に於る地震の生命財産に対する損害を軽減する箇法」として掲載し大きな反響を呼び、その後大森との間で大論争が展開された。吉村昭の小説『関東大震災』は震災の描写だけでなく日本の地震学の草分けのこれら二人の確執を扱っている点でも興味深い。一九二三年に関東大地震が起こり火災によって約一〇万人もの人が亡くなった。大森はオーストラリアで関東大地震を知るが、日本へ戻ってこの世を去る。この地震の後、末廣恭二や寺田寅彦たちの努力によって東京大学地震研究所が設立され、震災予防調査会は廃止された。

日本の地震研究はその後、地震研究所（妹澤克惟、石本巳四雄、大塚彌之助）、京都帝国大学（志田順）、東北帝国大学（日下部四郎太、中村佐衛門太郎）、名古屋大学（飯田汲事）などで進められた。一九二八年には中央気象台の和達清夫による深発地震面の研究が発表された。戦中戦後には南海トラフに沿って巨大地震が発生した。

一九六四年の新潟地震の後、一九六五年八月三日には長野県松代で群発地震が起こった。これは「水地震」とも言われる。また、中村一明氏の「地質屋の地震観」という興味深い読物がある。これ以降いわゆる微小地震に関する観測や地殻変動に関する観測が進められた。また地震予知連絡会が発足した。

一九六〇年代後半に出てきたプレートテクトニクスは、そもそも地震学から生まれた理論であるが地震の考え方にも大きな影響を与えた。

現在では大学、国立の研究所や省庁など多くの研究者が地震の研究に従事している。将来は海底の地震にも多大の関心が払われ、長期観測ステーションや地震発生体への掘削による直接アクセスと、掘削孔を利用した孔内長期観測や長期モニターが展開されるようになるだろう。

日本列島周辺の地震の特徴

日本列島周辺にはたくさんの地震が起こっている。現在では大学や国立の研究機関、省庁の観測網によってきわめて精度高く地震の震源が決定されている。日本列島に起こった地震の被害などについては『理科年表』や『日本被害地震総覧』に記載されている。このような資料を見ると日本列島の周辺に起こる地震には顕著な特徴があるように見える。それは地域的な特徴として東北日本、西南日本そして日本海東縁の三つに区分される。

東北日本　日本海溝に起こる地震を平面にプロットしてみると、一見ばらばらであるように見える。ちょうどゴマ塩をばらまいたようである。しかし微小地震まで含むと地震の起こっているところと起こっていないところが明瞭に分けられることがわかる。分布が束状、房状なのでクラスターと呼んでいる。もう少し細かく見ればこのクラスターが周辺の地層とどのような関係にあるのかが浮かび上がってきて、この構造が何に支配されているのかがわかるようになるかもしれない。

西南日本　西南日本では地震はきわめて規則的に起こり、地震によって破壊を受ける地域が決まっていることが特徴である。それらは南海トラフに沿う地域で、西の四国沖から駿河湾までの地域がそれぞれ約一〇〇kmのZからEまでのゾーンに分けられている。歴史的な資料の残っている地震は六八四年、八八七年、一〇九六年、一〇九九年、一三六〇年、一三六一年、一四九八年、一六〇五年、一七〇七年、一八五四年、一九四四年、一九四六年である。最近では地震考古学的な手法によって地震の痕跡が発見され、データの空白が埋められつつある。南海トラフでは地震発生帯が東北日本に比べて浅いため、新しい深海掘削船によって直接アクセスすることが可能になるだろう。

日本海東縁　日本海の地震は一九四〇年の積丹沖地震から一〇—二〇年の周期で起

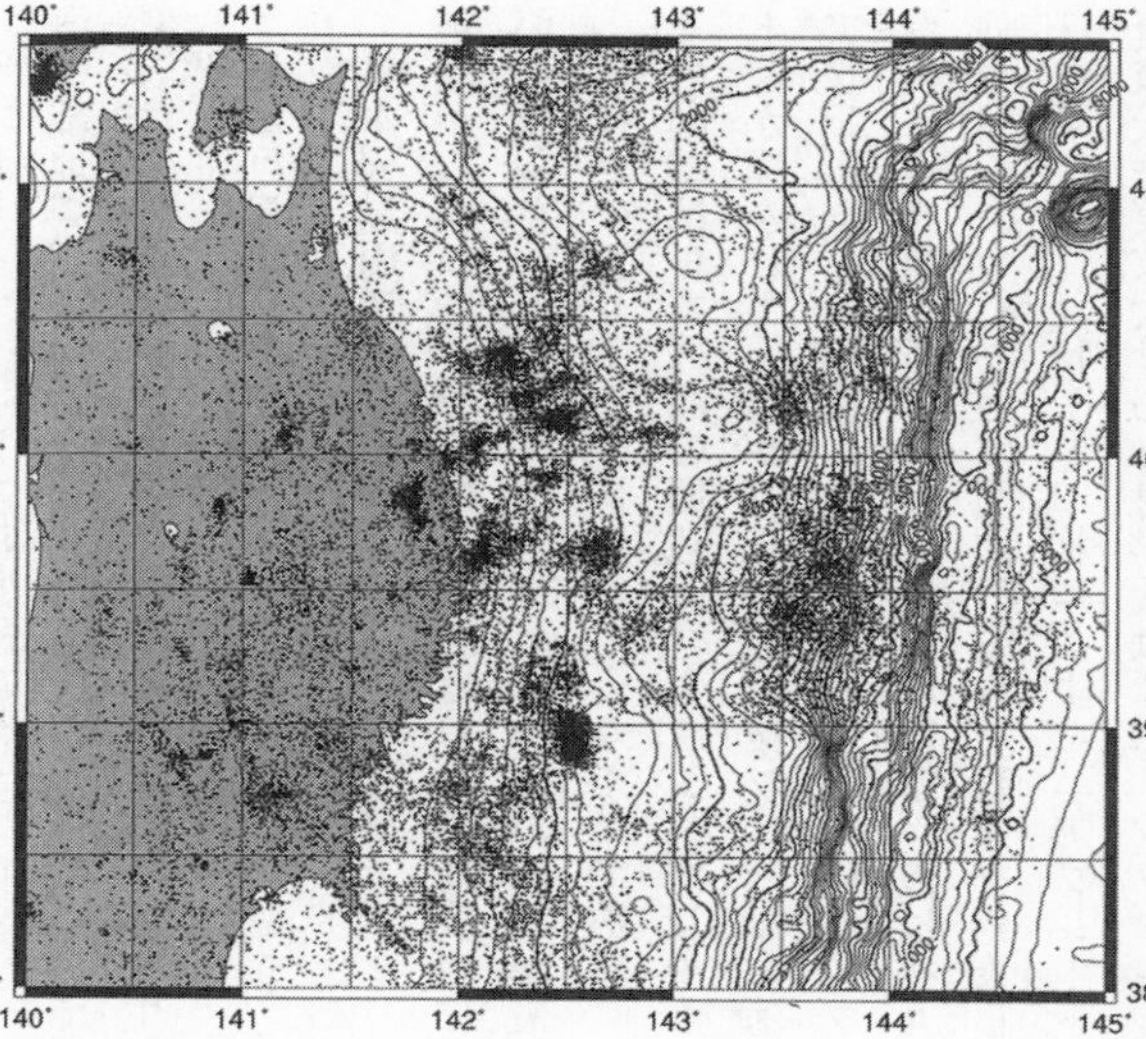

東北日本・日本海溝域の震源分布

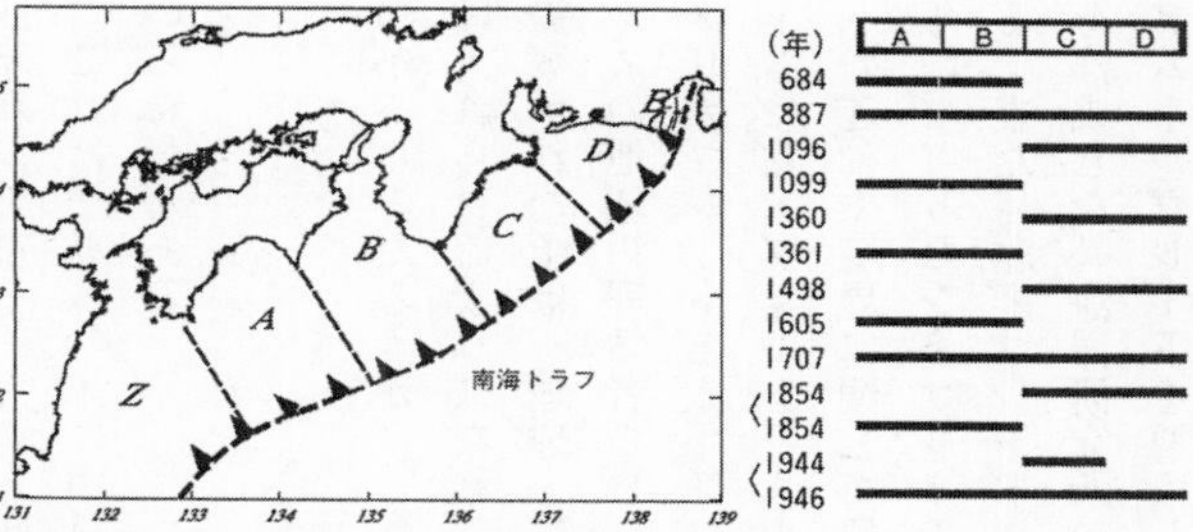

南海トラフ周辺の地震ゾーン（右は各ゾーンに地震が起こった年を示す）

こっており、すべて日本海東縁に沿っている。一九六四年新潟地震、一九八三年日本海中部地震、一九九三年北海道南西沖地震などである。これは一九八〇年に中村一明氏によって提案された新生海溝の線に沿って発生している特徴がある。

日本列島周辺のプレートは何枚か

日本列島周辺に分布するプレートにはどのようなものがあるのだろうか。一九七〇年頃からプレートテクトニクスは日本の研究者にも受け入れられるようになり、いろいろ議論されてきた。プレートテクトニクスが最初に提案された頃は、地球上には一〇枚ほどのプレートが描かれていただけである。フランスの地球物理学者ルピションらの図では日本列島の周辺はユーラシアプレートとアメリカプレートと太平洋プレートしか描かれていなかった。その後フィリピン海プレートや北米プレート、ユーラシアプレートなどが接していると書かれている。プレートの運動や境界に関して研究した人に地震研究所の瀬野徹三氏がいる。彼は一九七七年にフィリピン海プレートの運動や回転の中心などに関する優れた研究を発表している。また、北米プレートや東北日本マイクロプレート、北ニューギニアプレートなどを作成した。海洋研究所の玉木賢策氏や東京大学の木村学氏はオホーツクプレートやアムールプレートを導入した。

実は大きな地震が一つ起こると、プレートの運動や配列に関してよりよい理解をするため新しいプレートを導入することが試みられる。そしてオフィオライトの研究などと相まって世界中で実に五〇近くのマイクロプレートが導入されたこともある。

今後は、よりよい理解のために誰かが整理してくれるものと思うが、以下のように考えてはどうか。太平洋プレート、フィリピン海プレート、北米／東北日本マイクロプレート、ユーラシア／アムールプレートである。いずれにしても日本付近には四枚のプレートが敷き詰められ、互いにきしみあって〝火山と地震の国〟を形作っている。

沈み込み帯の深部はどうなっているのか

沈み込み帯の深部はいったいどうなっているのであろう。また沈み込んだプレート／スラブはどうなるのであろう。深発地震は約六五〇㎞の深さまで観測されている。このことはこの深さまではスラブを追跡できることを意味する。このような深さの地球の内部を観測できる手段は地震そのものしかない。一九〇九年から一三年にかけて地球内部の地震波の不連続面に関する研究が相次いで発表され、地球が卵と同じような構造を持つことが明らかになった。また火薬を用いた人工地震による地下構造の探査は一九二三年にアメリカで始められた。

日本列島の周辺の爆破地震観測による地下構造の探査は、一九六三年に始まった日米科学協力による研究成果に負うところが大きい。アメリカ側の中心となったのはコロンビア大学のラモントドハティ研究所であった。ラドウィックらは日本海溝や日本海、フィリピン海の地下の構造をソノブイを使った屈折法地震探査によって決定した。一九六七年から六八年に北海道や東北日本で大規模な爆破地震による地下構造の探査が行なわれた。最近では、海底に地震計を多数並べてエアガンによる人工地震探査を行なって地下構造を決定している。東北日本の地殻の構造は東京大学地震研究所の吉井敏尅氏によって決められた。伊豆・小笠原に関しては、東京大学海洋研究所の末広潔氏らの観測によって精密な地下の構造が決められている。南海トラフについては、特に東部で、北海道大学や海洋研究所のグループによって詳しい構造が決められている。

琉球については岩崎貴哉氏や日野亮太氏らの研究がある。琉球の島弧は北部で地殻が厚くモホ面は二五―三〇㎞の深さにあるが南部では二〇㎞より浅い。このことは琉球の地形区分とよくあう。日本海に関しては地震研究所の平田直氏らによって地下構造が解析された。日本海盆は通常の海洋地殻と同じ構造を持っているが、大和海盆は地殻がかなり厚いことが明らかにされた。ところがフィリピン海に関しては、一九六八年、今から五〇年ほど前に村内必典氏らが行なった記録しかないのである。

このようなことから地下深部に関するデータが少しずつ出はじめている。スラブの行方は実は六五〇㎞にあるコンラッド面（オーストラリアのコンラッドによって一九二三年に発見された）にいったんたまるが、密度が異常に大きくなってこの面を突き破って核とマントルの境界にまで落ちると考える人もいる。最近、地震のトモグラフィーから、地震研究所の深尾良夫氏をはじめとする地震学者によってマントルの内部での地震波の速度に不均一が生じることが唱えられた。地震波の速度の不均一性がマントルの温度によるとすれば、マントル内部では温度の異常のために巨大な上昇体（プルーム）や下降体があってもよく、そのために生じる循環が東京工業大学の丸山茂徳氏らによってプルームテクトニクスとして提案されている。

冷水湧出帯生物群集の生息の条件

私と共同研究者の平朝彦氏とは、日本周辺に分布するシロウリガイを優占種とする生物群集のテクトニックセッティングについて考えたことがある。これは主として日仏「かいこう」計画で発見された天竜海底谷や日本海溝、そして相模湾についてである。生物群集は今後の研究の簡便さを考えて発見された地域によって、天竜群集、初島群集、沖ノ山群集、鹿島群集、宮古群集とそれぞれ名前を付けた。これらの生物群集の生息場所の地形や地質および周辺のテクトニクスについて述べる。

(1)天竜群集　天竜群集は南海トラフの天竜海底谷の出口、水深三八三〇mのところに出現する。ここは深海の扇状地である。赤石山脈や三波川変成岩帯に由来する砂や泥が厚く堆積している。そしてこの砂や泥の層はゆるく褶曲している。また扇状地は南海トラフの軸から少し陸側に入ったところに位置するためプロトスラスト体と呼ばれる逆断層体に入っている。シロウリガイはトラフに平行なものとそれに直交するものとが見つけられた。シロウリガイ、ナマコ、ハオリムシ、イソギンチャクなどが生息していた。おまけは「ドラえもん」のアイスキャンデーの包み紙であった。これは逆断層とそれをずらす断層に沿って地下から冷たいメタンや硫化水素に富む水が湧き出しており、それを栄養とするバクテリアなどに養われているのであろう。天竜の立地のキーワードは沈み込み帯、逆断層、粗い堆積物である。

(2)初島群集　初島群集は相模湾初島の南東の水深一〇〇〇mに出現する。これは相模湾の西側の斜面の傾斜変換点を通る南北性の相模湾断裂に沿って広大な領域に分布している。ここは伊豆の斜面からの土石流堆積物が厚くたまった場所である。ここの生物群集の内部の温度は沈み込み帯の生物群集のそれより高い。群集にはシロウリガイ、シンカイヒバリガイ類、ハオリムシなどが生息している。初島の立地条件は断裂、粗い堆積物である。

（3）沖ノ山群集　沖ノ山群集は同じ相模湾でもトラフの東側に分布する。沖ノ山堆の地形は水深一一〇〇m付近に地形の変換点があり逆断層であると考えられている。ここではわずかであるが、フィリピン海プレートが沈み込んでいる。また沖ノ山堆からの崩落や崩壊による粗い堆積物が埋積している。シロウリガイ、シンカイヒバリガイ類、ハオリムシなどが生息している。キーワードは沈み込み帯、逆断層、堆積物である。

（4）鹿島群集　第一鹿島海山が衝突している陸側斜面は海溝が浅く「ノチール」で潜航できる。ここでは海溝に平行な逆断層が圧している。また地形は急斜面と緩斜面の繰り返しで、土石流の走った跡がガレになっており、ガレは高さ一mほどで粗い砂礫がつもっている。群集は逆断層に直交するガレに平行に生息している。生物はナギナタシロウリガイ、ナマコ類、ワレカラ類、イソギンチャク類、多毛類、腹足類であった。キーワードは沈み込み帯、逆断層、堆積物、ガレである。

（5）宮古群集　宮古群集は世界で最も深くに産出する化学合成生物群集である。九七年現在では水深六三七〇mからも見つかっている。生息条件は鹿島群集とまったく同じである。ここでは日仏「かいこう」計画で六〇〇〇mより浅いところにも生物が生息していることがわかっており、分布はきわめて広い。

これらの生物群集に共通する地球科学的な条件は沈み込み帯、逆断層、そして粗い堆積物である。沈み込み帯に運ばれた水は、地下深くでメタンや硫化水素などを含み逆断層に沿って上昇してくる。粗い堆積物はこれらの成分が海中に拡散しないようなマントになっていて、しかも粗いため網目のようにガスや水を表面へと運ぶ。これが化学合成生物群集が形成されるための地質学的シナリオである。沈み込み帯に形成される逆断層は音波探査や地震探査で見られた地下構造から判断して、地下深い構造と結びついている。そのためシロウリガイを養う水に関する情報を連続的にモニターできれば地下深部の情報を得ることができる。地震の起こる前後でこのような湧出に変化が起こるとすれば、きわめて重要な情報になる。深海の化学合成生物群集は地下からのメッセージであるかもしれない。

年代の違うプレートの沈み込み

沈み込み帯にさしかかっている太平洋プレートは一億年以上、フィリピン海プレートはその半分くらいの年代である。一般にプレートは海嶺で形成されて年代がたつほど厚くなり温度は低くなることがわかっている。これはアメリカのシュレーターらが導いた経験式でプレートの年代の平方根に比例する。したがって年代の古い太平洋プレートは厚く冷たい。そして若いフィリピン海プレートは薄くて温かいということになる。沈み込まれる側の地質や岩石にもよるが、このような違いが沈み込み帯の性質を決定している可能性がある。

世界の島弧―海溝系

世界中に島弧―海溝系は約四〇程存在する。アメリカのリチャード・ジャラードはこれらの特徴をまとめた膨大な論文を書いている。また米国地質調査所のウォーレン・ハミルトンは世界で最も複雑なインドネシアの島弧について陸上や海底の研究をまとめた。ここでは小さなプレートの沈み込み、衝突そしてすれちがいなどのプロセスが複雑に組み合わさってインドネシア地域を作り上げた。カーリグは背弧海盆の成因をトンガ、ケルマデックを例に背弧拡大モデルで説明した。背弧海盆はしかしまだその成因に関して議論がある。

島弧—海溝系の区分

島弧—海溝系全体をまとめた論文には一九六〇年の杉村や一九七八年の上田・金森、また一九七九年のジャラード論文などがある。まず杉村氏の論文は東京大学の紀要に英文で書かれたもので島弧—海溝系のいろいろな地球物理学的特徴がまとめられている。これは後に上田誠也氏と二人で一冊の本にしている。『弧状列島』である。一九七〇年に出版されたもので、それまでの研究をまとめた名著である。さまざまな地球物理現象が同じスケールの地形図に描かれたことによって理解が格段に進歩した。私は学生の時にこの本を何度も読んだ記憶がある。ジャラード論文はその後の集積されたデータをまとめた膨大な論文である。

一九七八年の上田・金森論文や一九八二年に出された上田氏の英文の論文は新しい用語サブダクトロジー（沈み込み学）を提案している。最初の論文は海溝域に起こる巨大地震の余震域の分布から沈み込みにはサイクルがあること、後者は世界の沈み込み帯は大きくチリ型とマリアナ型に分けることができることを示した。

堆積物付加の有無と蛇紋岩

島弧—海溝系の３つのタイプ

タイプ	海溝の水深	構造	地震	地震分布	前弧	例
テクトニックエロージョンタイプ（T-E）	深い	侵食	巨大地震 1896 1933	クラスター	隆起（北上と阿武隈）	日本海溝ペルー・チリ海溝
蛇紋岩ダイアピルタイプ（S.D.）	超深い 9000ｍ以深	侵食	少ない 1988 マリアナ地震	?	隆起グアム島	マリアナ海溝トンガ海溝、ケルマデック海溝
付加体タイプ（A.P.）	浅い	付加	巨大地震 1944 1946	ブロック	隆起 四国の段近	南海トラフ プエルト・リコ海溝

ここでは私が考えている島弧—海溝系の三つの区分を提案する。表に示したような区分である。前弧に発達する特徴を重視して堆積物が陸側に付加するか、しないか。しない場合、蛇紋岩があるのかないのかという設問によって三つに区分できるのである。この区分は世界中の島弧—海溝系を例外なく区分できること、そしてこれらの三区分が地球科学的に意味のある区分であることがメリットである。

まず付加体の発達するような島弧—海溝系は世界にはいくつもある。南海トラフ、駿河トラフ、バルバドスなどが典型的な例である。

一方、侵食的な前弧は東北日本の日本

海溝がその典型である。他にはペルー・チリ海溝などがそうである。ここでは海溝の軸には新しい堆積物はほとんど見られない。したがって付加体は発達しない。それに代わって島弧の下部が削り取られて地球の内部へと運ばれるのである。このようなタイプのものをテクトニックエロージョンと呼んでいる。

同じテクトニックエロージョンでも海洋の真中に存在する海洋性の島弧では様子が異なる。マリアナがその典型であるが前弧に蛇紋岩の海山が形成される。若い海洋性の島弧であるトンガや伊豆・小笠原などの海溝もこの例である。

日本列島の周辺には世界中の島弧—海溝系の最も基礎的なものが全部そろっている。また島弧—海溝系の研究は古くから行なわれてきており多くの地球科学的データが蓄積している。今後は陸の地質と海洋の研究とを結びつけて一つの大きなモデルを提案することが望まれる。

海溝の底から日本列島を見上げると

日本列島は深い地形と高い地形がきわめて狭い範囲に存在している。このような変動帯は近い過去に形成され、それが現在でも続いていることを述べてきた。本書もそろそろこの辺で筆をおきたいと思っている。最後にもしわれわれが日本列島の周辺で最も深いところ、海溝の底、たとえば房総半島の沖にある海溝の三重点に立って日本列島を見上げたらいったいどのように見えるのかを考えてみよう（一五七頁図参照）。

三方が壁に囲まれた南北に細長い溝に立っている。前面には急崖と比較的ゆるやかな斜面の組み合わせからなる壁が見えるはずである。壁は陸からきた土石流や海底地滑り堆積物が堆積しておりところどころにシロウリガイの群集が垣間見られる。さらに上には海底谷が滝のように土砂を海溝まで運んでいる。壁の表面には著しく変形を受けたサブダクションブレッチャが見られ、プレートの沈み込みにともなう地震による変形破壊の跡を思わせる。それより上にはもっと新しい堆積物がまだ水分を含んだまま、これらの地層を覆っている。また火山の噴火によってもたらされた火山灰や土石が堆積している。そして頂上には富士山が望まれる。

日本列島の骨格はさまざまな時代のさまざまな場所でできた岩帯が、ジュラ紀の付加体として形成された。第四紀の直前に現在の日本列島と同じような形ができたと考えられている。日本列島の基盤は付加体として集まったが一つ一つの単位は小さく、いわばブロックの集積のようなものである。岩石で言えば「礫岩」のようなものである。日本列島の基盤がそのようなものであれば大きな地震が発生した時には容易に崩れ去るであろう。藤田和夫氏は『日本列島砂山論』を書かれた。小松左京氏は小説

『日本沈没』を書かれた。私は「日本列島礫岩論」を展開したい。日本列島は沈み込みと付加、衝突によってできた巨大礫岩体である。

ふだん堅い地面やコンクリートに覆われた都市にわれわれは生活しているが、その基本的な骨格は海底に見られる。海底に見られる現象は現在も進行中であり、これからの日本列島の将来を考えるうえできわめて重要である。本書では深い海底の研究を通して現在や過去の日本列島を眺め、世界の変動帯としての役割を認識してきた。今後は深海底の研究に大いに目を向けていただきたいと思う。

コーヒーブレイク――地球科学に関する日本人の研究と書物

日本の島弧―海溝の研究の歴史を振り返ってみるとずいぶんユニークな研究があった。大陸移動説以前にも原田豊吉、小川琢治、山根新二のユニークな研究があった。ウェーゲナーの「大陸移動説」の考え方に影響を受けた弧状列島の大地形や雁行配列の成因に関する日本独自の研究が発表された。徳田貞一は、日本列島とその周辺地域、特に千島列島の雁行山列と雁行火山列の分布に着目し、これらの成因について、板に糊を塗って和紙を重ね合わせ、糊がかわかないうちに指で押してできる皺のでき方から推論し、弧状列島は内側から押されることによって、その弧形も、雁行山列もできるものだと考えた（一九二九年）。

一方、気象台のお天気博士、藤原咲平は、雁行火山列に着目し、水で練った小麦粉や粘土を用いて水平の偶力や水平ずれにともなう皺や割れ目のでき方の実験観察を行なった（一九二五年）。圧縮による皺の稜にできる割れ目に沿って火山列ができると考えた。そして、千島、東北日本、伊豆・小笠原に見られる雁行火山列は、太平洋側の地殻が相対的に北から南に動いた結果だと考えた。寺田寅彦は、日本海の成因を大陸移動説にもとづいて考えた（一九三四年）。

南洋のパラオ、ヤップ、グアム、サイパンのサンゴや地質の研究は田山利三郎によって精力的に行なわれ、現在でも多くの研究者に引用される重大な研究となった。われわれが調査を行なっていた時に会った長老は田山のことを覚えていた。残念なことに彼は明神礁の噴火で亡くなったのである。小林貞一は日本の造山運動論を秋吉、佐川の造山運動など造山運動の時期を特定し、初めてわかりやすくまとめた（一九四四年）。都城秋穂は世界の変成帯をその生成の物理化学条件によって高温低圧と低温高圧の二つのタイプに区分した。この区分は現在でも使われている。

私が学生の頃には地球科学の専門書というのはあまりなかったように思うが、その中で感銘を受けた本がいくつかある。望月勝海の『地質学入門』や『大東亜地帯構造論』などはきわめてユニークで現在のプレートテクトニクスの考えを先取りしている。杉村新氏の書かれた『大地の動きをさぐる』という本も、たいへん面白く読み、現在でもたいへん役に立っている。また上田誠也氏との共著『弧状列島』もすばらしい。都城秋穂氏の『変成岩と変成帯』は私のバイブルであった。

地球化学の分野では小沼直樹氏の隕石の本は面白く読んだ。松井義人氏と一国雅巳氏の訳されたメイソンの『一般地球化学入門』は原著以上の名著であると思う。最近ではきわめてたくさんの本が出回ってきたようである。象牙の塔的な研究から一般の人にもわかる地球科学へと変化してきているのであろう。

追補①　プチスポット

一九八三年の日仏海溝計画の潜航の予備調査の折に音波探査によって海底地形図が造られた。その際、日本海溝の海側斜面にきわめて小さい海丘がみつかっていた。これには名前がついていないが、一九九二年七月二一日の「しんかい六五〇〇」による潜航調査などで（#132潜航）で藤岡は小さな海丘から玄武岩を採集していた。

なぜこんな所に玄武岩が出るのかよくわからずに当時筑波大学で年代測定を行なっていた大学院生の平野直人に年代測定を依頼した。かれは博士論文でこの石の年代を測った所およそ六〇〇万年前の石であることがわかった。太平洋プレートのこのあたりの年代はおよそ一億二〇〇〇万年前ほどであるのでこの年代は若すぎて、このような場所に玄武岩が出てくるのは不思議であった。平野は学位論文の審査会ではこのことを突かれてなかなか答えられなかったが、プレートが沈み込む時にたわむのでその

プチスポットから出た枕状溶岩（© 平野直人）

たわみの底からわずかなマグマが絞り出されるのではないかと考えた。

ハワイのホットスポットは巨大な火山であるが、それよりは小さな火山なので、これをプチスポットと名付けた。その後この海丘だけでなく周辺にもたくさんの年代の新しい海丘がみつかった。平野は、太平洋プレートを六〇〇万年分だけもとに戻した場所でシービームによる地形調査から、その場所にも小さな海丘を見つけてドレッジや潜水調査船によって採集し、これらが玄武岩溶岩でカンラン石の捕獲岩を含むものもみつけて、年代がほぼゼロであることを確かめた。その結果プレートがたわみ始めるところからマグマが出

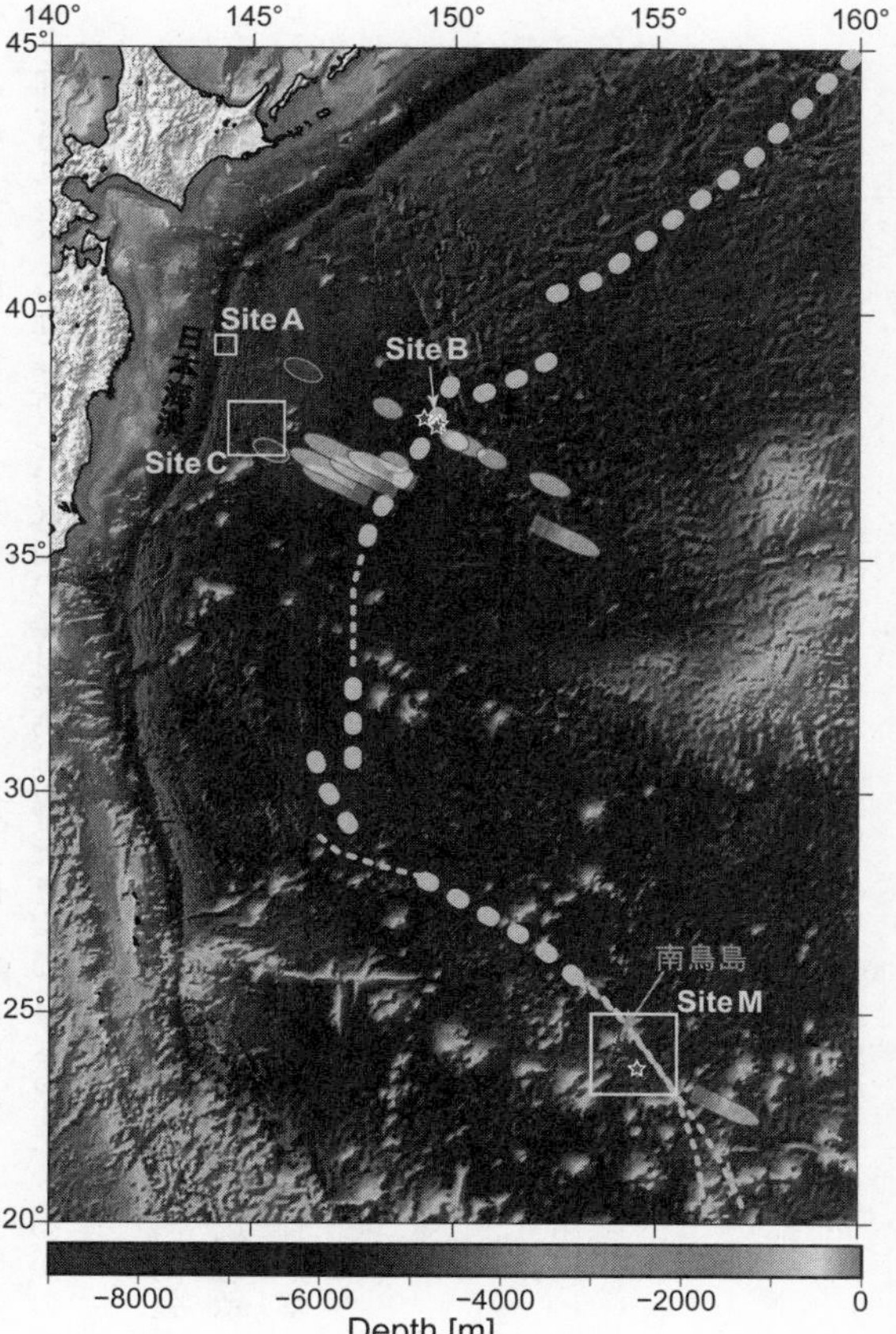

プチスポットの位置（© 平野直人）

てきて新しい火山を作ることを発見した。これを米国の雑誌『サイエンス』に投稿して受理された。これは新しい火山の発見で、平野は日本のみならずいくつかの海溝の海側斜面の同様のセッティングの場所からプチスポットを発見している。

この発見は火山活動が今までは海嶺（リフトを含む）、ホットスポット、島弧の三カ所からしか起こっていないとする今までの説に新しい第四の火山活動の場を示したことで画期的であった。しかしマグマ発生の機構に関してはまだ議論の余地がある。

追補②　ゴジラムリオン

一九九八年米国のウッズホール海洋研究所のブライアン・タホーキー（Brian Tucholke）は、大西洋中央海嶺の海嶺とトランスフォーム断層の交点の互いに内側に存在する高まりが、顕著に水深が浅くかつ格子状の構造を持つことを発見し、それを「メガムリオン」（Megamullion）と呼んだ。タホーキーは大西洋中央海嶺の北緯二六度四〇分に存在するものを「ダンテス・ドーム」と名付けた。

メガムリオンは、中央海嶺において海底拡大に伴うデタッチメント断層（大規模な低角正断層）の下盤が、海洋下部地殻・最上部マントルのカンラン石・斑れい岩類を伴って拡大軸近傍に露出したドーム状の構造で、海洋コアコンプレックス（Oceanic Core Complex: OCC）とも呼ばれる。地形的には拡大軸に対して直交するうね模様（＝コルゲーション）を表面に伴うことが特徴である。メガムリオンは上部マントル・

下部地殻への「窓」(=テクトニックウィンドウ)であるとともに、断層運動による海底拡大プロセスを明らかにできる場として重要である。

なお「ムリオン(又はマリオン)」とは建築用語であり、窓を縦方向に支える部材のことを指す。東京・銀座の複合商業施設である有楽町マリオンはこの建築用語に由来して名付けられている。

その後いろいろな潜水船で潜って調査した結果、それらが玄武岩のみならず斑れい岩や蛇紋岩でできていることがわかった。筆者は一九九八年に「しんかい六五〇〇」でダンテス・ドームに潜って重力を測定している。ここが周辺より重力が高く、重たい岩石が浅いところまでせりあがってきていることをあきらかにした。

二〇〇一年海上保安庁水路部の小原泰彦は、詳細な海底地形調査によってフィリピン海プレートの背弧海盆の一つ、パレスベラ海盆において、北緯一六度四〇分のリフトセグメントから南西に延びる特異な巨大地形を発見し、そこを構成する岩石をドレッジや潜水船によって採集し、それらが玄武岩、斑れい岩、蛇紋岩から成るメガムリオンであることを確かめた。

その大きさは、大西洋のメガムリオンの約一〇倍もあり、現在見つかっているメガムリオンの中では地球上最大のものであり、小原はこれを「ゴジラメガムリオン」

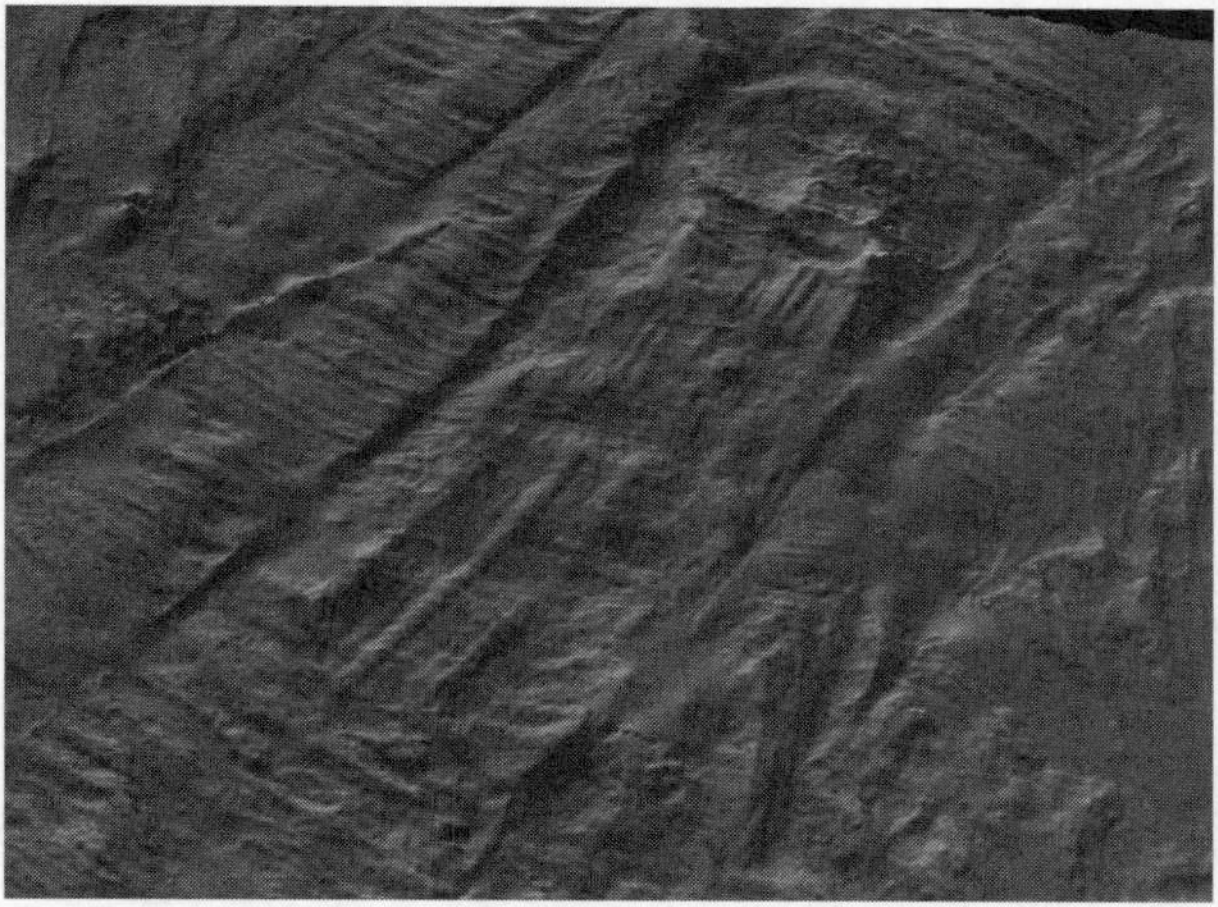

ゴジラムリオンの 3D 図（© 小原泰彦氏　この図は、GEBCO2023 グリッドデータと GeoMapApp ソフトウェアを用いて作成された。なおゴジラムリオンの位置は日本列島周辺の海底地形図を参照のこと）

(Godzilla Megamullion) と名付けた。その後、ゴジラメガムリオンを構成する特徴的な個々の地形が、ゴジラの体の各部位の名前を用いた海底地形名として提案され、世界の海底地形名を標準化する「海底地形名小委員会」で採択されて、いまや国際的な海底地形名として公式に登録されている。

メガムリオンの発見はプレートの拡大がマグマの活動によってのみ起こるものではなく、非火山活動によっても起こるものであることを示した点で画期的であった。しかし背弧海盆からさらに地球上最大のメガムリオンが発見されたことは、非火山性の拡大に関してさらに問題を投げかけるものであった。

中央海嶺の遅い拡大軸にでてくるメガムリオン、非火山性の拡大がなぜ背弧海盆にでてくるのか、そもそもこれほど大きなメガムリオンがどうしてできるのかについてはいまだによくわかっていない。現在、さまざまな仮説が検討されている。

あとがき

この本は私にとって最初の単行本である。原稿を書きながら子供の頃、父の原稿の清書を手伝ったことを思い出し、原稿を書き終えて父を含め志半ばで逝った先生方やお世話になった方々のことを思い浮かべた。

父は歴史地理学者であった。あまりにもせっかちで愚息が本を書くのを待てなくて、すでに一二年が過ぎた。生きていれば八三歳である。とても待てたものではあるまい。

静岡大学の鮫島輝彦先生は私を地学の世界に導き、私の海洋研究の話に興味を抱いてくださった。同じく橋爪裕司先生は化学の学生であった私を温かくサポートしてくださったが現職で亡くなられた。地震研究所の中村一明先生は私にテクトニクスと火山の見方を教えてくださり、私が彼を海洋に引きずりこんでしまったが、私の航海中に現職で急逝された。

叔父佐川治男氏は石炭の液化に取り組み志半ばで逝去した。またマーケティングの草分けであった弟の佐川幸三郎氏は花王石鹼の会長であった。彼ら二人は私の海洋の話をとても興味深く聞いてくれ、本の出版を楽しみにしていた。原稿を書き終えてぜひこれらの人々に読んでもらいたかったと思った。

私はもともとは化学を専攻していたが、三年の時に地学に転向した。転向のきっかけは工業技術院地質調査所の寒川旭氏と同じで鮫島輝彦先生の名講義に魅せられたからである。卒業論文では鮫島先生に手ほどきを受け、東京大学の修士では火山岩を久城育夫先生に、変成岩を埼玉大学の関陽太郎先生に手ほどきを受けた。

東京大学海洋研究所の奈須紀幸先生の誘いで海底の研究に転向し、博士課程から奈須先生の指導を受け現在に至っている。私が海洋研究をやってよかったと思えたのは、一九七七年IPOD第五七節で「グローマー・チャレンジャー号」によって日本海溝の航海を終えた時であった。奈須先生とボン・ヒューンを共同首席研究員とする外国の仲間にマイク・アーサー、ボブ・カーソン、ジョン・バロン、ジャン・ポール・キャデ、ゲルタ・ケラー、ジョージ・モーアたちがいる。以来二〇年同じ道を歩んできて、海洋の研究の仲間は世界中に広がった。

一九九一年に東京大学海洋研究所から海洋科学技術センターに移ってきて「しんか

い六五〇〇」に乗船する機会を得た。日本列島周辺はもとより、マリアナ、パラオ、ヤップ、大西洋中央海嶺、東太平洋海膨など海溝、海嶺、背弧海盆に潜航している。私は深海底に潜っている時が何よりも楽しいことが最近わかってきた。どんな潜航でも必ず何か新しい発見があるからである。

私がなぜ海を研究するに至ったかは定かではない。小学校の頃の団体鑑賞でジュール・ベルヌの「海底2万マイル」の映画を見たことかもしれない。先日タヒチのゴーギャン美術館で「海底2万マイル」のフランス語版を手に入れることができた。二〇年来海洋の研究を続けていてまったく後悔はないと、言えばうそになる。私はある時期に京都大学の文化人類学のグループの研究や早稲田大学のグループのピラミッドの調査での文系と理系の相互乗入れにたいへん魅力を感じた。しかし、フィールドサイエンスを選んだことに関してはまったく後悔はない。

この本は私の経験の蓄積であり今後の研究の指標でもある。また今までお世話になった方々への恩返しでもある。読者の役に少しでも立つことを希望するとともにフィールドサイエンスを目指す若者が一人でも育つことを希望してやまない。

謝辞

この本ができるには多くの方々の援助や助言に負うところが大きい。まず、私を海洋研究に導き終始ご指導くださった恩師、奈須紀幸先生に感謝いたします。

海洋科学技術センターの理事の堀田宏氏は私がセンターに来所以来、変わらぬご指導とご鞭撻を賜わった。深海研究部長の木下肇氏は大学以来のお付き合いで、潜航や研究の機会を与えていただき、またいろいろ有益な助言をいただいた。

海洋科学技術センターの歴代理事長をはじめ役職員や関係の方々、深海研究部の先輩、同僚そして後輩諸氏からは有益な助言やご鞭撻を賜わった。「しんかい六五〇〇」チーム、「よこすか」、「なつしま」のクルーと日本海洋事業の関係の方々には現場や後の研究のうえでたいへんお世話になった。

研究に関しては特に平朝彦、小川勇二郎、竹内章、湯浅真人、末広潔、徳山英一、和田秀樹、北里洋、玉木賢策、藤本博巳、千葉仁、木村学、浦辺徹郎、岡田尚武、巽好幸の諸氏からは有益な議論をしていただいた。潜水調査船を使った仕事の技術的なことに関しては司令の井田正比古氏から多くのことを学んだ。元潜航長の田代省三氏からはいろいろ教わった。同時に彼は優秀な聞き手であり、自然に対する純粋な質問は私にとって思いもよらぬアイデアを生むきっかけとなった。

長沼毅氏との議論は多く生物の新しい動向を知るものであった。サンタ・バーバラで初めて出会った時から将来一緒に仕事をしてゆくだろうという予感があった。蒲生俊敬氏は多くの化学全般の議論をしていただいた。

藤倉克則君は原稿を読んで生物に関する貴重な意見をくださった。沖野郷子さん、富士原敏也君、佐々木智之君はこの本のために新しい図を提供してくださった。金松敏也君と加藤和浩君はこの本の作成を手伝ってくださった。

留守がちな私を常に助け、読者として最初に文章を読んでくれた妻昭子と三人の子供たち、そして小児科医の一線を退き、今は読書三昧の日々を送っている家内の両親と私の母たちにも心からなる感謝の気持ちとともにこの本を捧げたい。

NHK出版の向坂好生氏はひょうひょうとした人であった。特に原稿を催促するでもなく無言の威圧があった。原稿を読んで鋭い質問をあびせ、一般の人にわかりやすく直してくださったり、長期航海の出航の前に静かな富士の裾野に原稿を書く場を設けてくださった。

これらの方々に心から感謝の意を表したい。

一九九七年八月「よこすか」東太平洋海膨航海を前にして富士の北麓にて

藤岡換太郎

文庫版あとがき

深海底の科学が文庫としてまた世の中に出回ることになったのはうれしい限りである。まえがきにも書いた通り、その後の進展に追いついていないのかもしれない危惧があったが、内容的には決して古いものではないことがわかった。しかし、この二五年ほどの間に日本列島の周辺で二つの新しい知見が得られたのでそのことについても概略をしたためた。

文庫化に関してはプチスポットの発見者の東北大学の平野直人氏とゴジラムリオンの発見者である海洋情報部の小原泰彦氏には原稿を読んでコメントを、また図面や写真の提供をしていただいた。これらの方々に感謝申し上げる。

筑摩書房の永田士郎氏からはこの本の文庫化のお誘いをいただき終始かわらぬ叱咤激励をいただいた。これらの方々に深甚の感謝を申し上げる。

22.	226	1994・8・17	3654m	大西洋中央海嶺 TAG 熱水地域［オフマウンドのトラバース］
23.	230	1994・8・22	3649m	大西洋中央海嶺 TAG 熱水地域［マウンドの東西断面］
24.	246	1994・11・2	3039m	東太平洋海膨 OSC1822西側のトラバース
25.	251	1994・11・11	2839m	東太平洋海膨 OSC1822東側のトラバース［海底地震計の発見］
26.	260	1994・11・23	2683m	東太平洋海膨 RM04に西側トラバース
27.	284	1995・9・20	4216m	九州・パラオ海嶺断面
28.	286	1995・9・22	4087m	九州・パラオ海嶺断面
29.	288	1995・9・25	6377m	マリアナーヤップ会合点の北の延長部
30.	289	1995・9・27	6496m	ヤップ海溝陸側斜面
31.	291	1995・9・29	6500m	ヤップ海溝海側斜面［マンガンの舗装］
32.	334	1996・9・11	6497m	セントラルベーズンフォルト［玄武岩の発見、舗装型マンガンの発見］
33.	337	1996・9・23	5070m	南奄美海底崖［玄武岩の発見］
34.	338	1996・9・25	3673m	天保海山［裂け目の発見］
35.	349	1996・11・11	6481m	ヤップ海溝陸側斜面
36.	390	1997・8・24	2690m	東太平洋海膨 RM24東、南トラバース
37.	396	1997・9・1	2753m	東太平洋海膨 RM28東、南トラバース
38.	429	1998・7・29		大西洋中央海嶺 TAG
39.	437	1998・8・8		大西洋中央海嶺 Dante's Dome
40.	440	1998・8・12		大西洋中央海嶺 Dante's Dome
41.	441	1998・8・16		大西洋中央海嶺レインボー［熱水発見］
42.	444	1998・9・23		南西インド洋海嶺 FUJI Dome［インド洋人類初潜航］
43.	448	1998・10・1		南西インド洋海嶺 Axial Volcano のトラバース
44.	542	2000・5・31		日本海溝陸側斜面
45.	544	2000・6・2		日本海溝陸側斜面
46.	622	2001・6・28		千島海溝 Cadet SMT［1985年のシロウリガイの追試、三陸海底崖の変形］
47.	671	2002・5・25		千島海溝 Cadet SMT［炭酸塩チムニー、シロウリガイ、バクテリアマットの発見（藤岡コロニー）］
48.	781	2003・9・7		マリアナ前弧 蛇紋岩海山 Blue Moon
49.	782	2003・9・8		マリアナ前弧 蛇紋岩海山 Celestial Seamount
50.	783	2003・9・11		マリアナ前弧 蛇紋岩海山 Big Blue SMT
51.	969	2006・8・21		パラオ海溝 石灰岩の崩落

ノチール

p_{1}43	1985・7・22	第一鹿島海山の日本海溝トラバース［日本海溝で最初の化学合成生物群集の発見］

私の潜水調査船の潜航リスト

No.	潜航No.	日　付	潜航場所［成果］

しんかい2000

No.	潜航No.	日付	潜航場所［成果］
1.	167	1985・5・23	相模湾三浦海底谷
2.	252	1986・10・29	御蔵海盆
3.	497	1989・8・14	八丈凹地
4.	563	1991・7・24	黒瀬西海穴
5.	702	1993・8・21	奥尻島西側斜面［地滑り、生物の死骸］
6.	1193	2000・6・2	沖縄トラフ、伊平屋北 熱水
7.	1342	2002・4・22	沖縄トラフ、伊平屋北 熱水

しんかい6500

No.	潜航No.	日付	深度	潜航場所［成果］
1.	63	1991・7・6	6499m	三陸宮古沖日本海溝陸側斜面［シロウリガイ群集の発見］
2.	118	1992・6・5	6462m	琉球海溝海側斜面［マンガン発見］
3.	120	1992・6・7	6367m	琉球海溝海側斜面［マンガン発見］
4.	122	1992・6・11	5612m	琉球海溝陸側斜面［巨大斜面崩壊発見］
5.	126	1992・7・12	6481m	三陸宮古沖日本海溝陸側斜面［海底地滑りの発見］
6.	128	1992・7・14	6374m	三陸宮古沖日本海溝陸側斜面［シロウリガイ群集の発見］
7.	130	1992・7・19	6430m	三陸宮古沖日本海溝海側斜面［裂け目の中にマネキンが埋まっているのを発見］
8.	132	1992・7・21	6209m	三陸宮古沖日本海溝海側斜面［海丘の発見］プチスポット
9.	147	1992・9・30	4336m	伊豆・小笠原海溝陸側斜面［蛇紋岩海山］
10.	168	1993・9・11	6500m	伊豆・小笠原海溝海側斜面［変形した泥岩、火山灰の発見］
11.	170	1993・9・13	470m	途中緊急浮上
12.	172	1993・9・16	6499m	伊豆・小笠原海溝陸側斜面
13.	177	1993・9・22	4739m	四国海盆　紀南海底崖［マンガン、縄状溶岩］
14.	179	1993・10・1	3265m	マリアナ海溝陸側斜面［コニカル海山、蛇紋岩フロー、イソギンチャク、炭酸塩チムニー］
15.	190	1993・11・1	6468m	パラオ海溝陸側斜面［古い石灰岩の岩体の発見］
16.	192	1993・11・3	5214m	アユトラフ［ヤドギンの発見、古い熱水］
17.	193	1993・11・5	6500m	ヤップ海溝陸側斜面［蛇紋岩、ガブロの発見］
18.	195	1993・11・8	6329m	ヤップ海溝陸側斜面［蛇紋岩、ガブロの発見］
19.	196	1993・11・10	4307m	九州・パラオ海嶺［安山岩とCCDが4000mにあることを発見］
20.	216	1994・8・4	3646m	大西洋中央海嶺 TAG 熱水地域［ラピュタの全景］
21.	218	1994・8・6	3646m	大西洋中央海嶺 TAG 熱水地域［ラピュタの全景］

潜水調査船「しんかい6500」の研究史――大きな発見の歴史

一九九一年	奥尻海嶺からバクテリアマットの発見
	日本海溝の陸側斜面からシロウリガイ群集の発見
	日本海溝の海側斜面から亀裂の発見
	北フィジー海盆の熱水の探査
	南海トラフ付加体の変形の探査
一九九二年	琉球海溝海側斜面からマンガンの発見
	琉球海溝陸側斜面から巨大斜面崩壊の跡を発見
	日本海溝陸側斜面の崩壊と断層の発見
	伊豆・小笠原海溝の海側斜面の変形
	伊豆・小笠原海溝の陸側斜面の蛇紋岩海山
	伊豆・小笠原海溝の陸側斜面の鯨骨生物群集の発見
	マリアナトラフ中部熱水系の探査により新しい熱水の発見
一九九三年	紀南海底崖から舗装型マンガンと玄武岩の発見
	マリアナ海溝陸側斜面の蛇紋岩フローの探査
	マリアナ海溝海側斜面から最古のチャートの発見
	マリアナトラフ南部の熱水の探査
	アユトラフから過去の熱水マウンドとヤドカリの発見
	パラオ海溝底から巨大な石灰岩岩帯を発見
	ヤップ海溝陸側斜面から上部マントルの岩石を採集
	九州・パラオ古海嶺の炭酸塩補償深度を発見
一九九四年	大西洋中央海嶺のケーン断裂帯の地下深部構造の探査
	大西洋中央海嶺のTAG熱水マウンドの形成史と熱水の長期観測
	東太平洋海膨の最速拡大軸の熱水の発見
一九九五年	北海道南西沖地震震源域の変形を発見
	三陸はるか沖地震の震源の探査
	ヤップ、パラオ海溝の探査
	マヌス海盆の熱水の探査
一九九六年	セントラルベーズンフォルトから海洋性の玄武岩を採集
	天保海山から海底の亀裂の発見
	南奄美海底崖から玄武岩の発見
	九州・パラオ古海嶺から古い堆積岩の発見
	孀婦岩構造線から酸性岩の発見
	マリアナ海溝陸側斜面の蛇紋岩海山から生物群集の発見（チャモロ海山）
一九九七年	孀婦岩構造線に沿った伊豆・小笠原弧の内部構造の探査
	東太平洋海膨の最速拡大軸にさまざまな長期観測システムを展開

参考文献

フライアー，P「マリアナ海溝の泥火山」藤岡換太郎訳『日経サイエンス』Sci. Amer., 4, 84-92, 一九九二年
藤岡換太郎「六〇〇〇mの深海底の散策」『地質ニュース』三八三号（グラビア付）、実業公報社、一九八六年
藤岡換太郎「海底のタイムトンネル――伊豆・小笠原の巨大噴火の跡を掘る」『へるめす』二五号、一三二―一四四頁、岩波書店、一九九〇年
藤岡換太郎「世界最大の熱水マウンドTAG」『科学』六六巻、七号五〇〇―五〇六頁、岩波書店、一九九六年
藤岡換太郎・橋本惇・堀田宏・海洋科学技術センター深海研究部「日本の海底2万マイル――潜水調査船「しんかい」一〇年の旅を追う」『ニュートン』一四巻、一号、一六―三二頁、教育社、一九九四年
藤岡換太郎・本座栄一・新妻信明・岡田博有「太平洋プレートの沈み込みと日本海溝」『科学』五三巻、七号、四二〇―四二八頁、岩波書店、一九八三年
藤岡換太郎・末広潔・堀越弘毅「深海底へのチャレンジ」『ニュートン』一七巻、八号、九二―一〇九頁、ニュートンプレス、一九九七年
JAMSTEC深海研究およびしんかいシンポジウム報告書（海洋科学技術センターから年一回発行）所収の諸論文
JAMSTEC（海洋科学技術センターの季刊誌）所収の諸論文
Karig, D. E., Kagami, H., Fujioka, K. and DSDP Leg 87 scientific Party, "Varied responses to subduction in Nankai Trough and Japan Trench forearcs", *Nature*, 304, 148-151, 1983.
Taylor, B., Fujioka, K. and Leg 126 shipboard scientific party, "Arc volcanism and rifting (Ocean Drilling Program)", *Nature*, 342, 18-20, 1989.

ブックガイド　参考書

安藤雅孝・吉井敏尅編『理科年表読本　地震』丸善、一九九三年
荒牧重雄・白尾元理・長岡正利編『理科年表読本　空からみる日本の火山』丸善、一九八九年
荒俣宏『大博物学時代――進化と超進化の夢』工作舎、一九八三年
クラーク，アーサー・C『2001年宇宙の旅』（決定版）、伊藤典夫訳、ハヤカワ文庫、一九九三年
クラーク，アーサー・C『2010年宇宙の旅』伊藤典夫訳、ハヤカワ文庫、一九九四年
ダーウィン，C・R『ビーグル号航海記』上・中・下　島地威雄訳、岩波文庫、一九五九―六一年
藤岡換太郎『深海底の地球科学』朝倉書店、二〇一六年
藤岡換太郎『見えない絶景　深海底巨大地形』講談社ブルーバックス、二〇二〇年
蒲生俊敬『海洋の科学――深海底から探る』NHKブックス、一九九六年
萩原尊禮『地震学百年』（UP選書）、東京大学出版会、一九八二年
堀越増興・永田豊・佐藤任弘『日本の自然7　日本列島をめぐる海』岩波書店、一九八七年
堀田宏『深海底からみた地球――「しんかい6500」がさぐる世界』有隣堂、一九九七年
今井功・片田正人『地球科学の歩み』共立出版、一九七八年
海溝Ⅱ研究グループ編『写真集　日本周辺の海溝――6000mの深海底への旅』東京大学出版会、一九八七年
貝塚爽平・鎮西清高編、貝塚爽平・鎮西清高・小疇尚・五百沢智也・松田時彦・藤田和夫著『日本の自然2　日本の山』岩波書店、一九八六年
貝塚爽平・成瀬洋・太田陽子『日本の自然4　日本の平野と海岸』岩波書店、一九八五年
勘米良亀齢・橋本光男・松田時彦編『岩波講座　地球科学15　日本の地質』岩波書店、一九八〇年
笠原慶一・杉村新編『岩波講座　地球科学10　変動する地球Ⅰ　現在および第四紀』岩波書店、一九七八年
河名俊男『シリーズ沖縄の自然3　琉球列島の地形』新星図書出版、一九八八年

国立天文台編『理科年表』丸善、一九九七年
日下実男『大深海1000メートルへ—ピカール父子の偉大な科学冒険記録』偕成社、一九七〇年
町田洋・新井房夫『火山灰アトラス』東京大学出版会、一九九二年
町田洋・小島圭二編、町田洋・小島圭二・高橋裕・福田正己著『日本の自然8　自然の猛威』岩波書店、一九八六年
丸山茂徳『46億年地球は何をしてきたか？』岩波書店、一九九三年
松本良、奥田義久、青木豊『メタンハイドレート　21世紀の巨大天然ガス資源』日経サイエンス社、一九九四年
村山磐『日本の火山災害——記録による性格調べ』（ブルーバックス）、講談社、一九七七年
長沼毅『深海生物学への招待』NHKブックス、一九九六年
中村一明・松田時彦・守屋以智雄『日本の自然1　火山と地震の国』岩波書店、一九八七年
日本水路協会編、海上保安庁水路部・日本海洋データセンター監修『理科年表読本　増補版海のアトラス』丸善、一九九二年
西村三郎『日本海の成立——生物地理学からのアプローチ』築地書館、一九七四年
西村三郎『チャレンジャー号探検——近代海洋学の幕開け』中公新書、一九九二年
新田次郎『火の島』新潮文庫、一九七六年
野崎義行『地球温暖化と海——炭素の循環から探る』東京大学出版会、一九九四年
斎藤靖二『自然景観を読む8　日本列島の生い立ちを読む』岩波書店、一九九二年
寒川旭『地震考古学——遺跡が語る地震の歴史』中公新書、一九九二年
佐々木昭・石原舜三・関陽太郎編『岩波講座　地球科学14　地球の資源／地表の開発』岩波書店、一九七九年
杉村新『岩波科学の本8　大地の動きをさぐる』岩波書店、一九七三年
杉村新・中村保夫・井田喜明編『図説地球科学』岩波書店、一九八八年

平朝彦『日本列島の誕生』岩波新書、一九九〇年
平朝彦・中村一明編『日本列島の形成――変動帯としての歴史と現在』岩波書店、一九八六年
竹内均『続地球の科学』NHKブックス、一九七〇年
竹内均『地震の科学』NHKブックス、一九七三年
竹内均・上田誠也『地球の科学――大陸は移動する』NHKブックス、一九六四年
立見辰雄編『現代鉱床学の基礎』東京大学出版会、一九七七年
巽好幸『沈み込み帯のマグマ学――全マントルダイナミクスに向けて』東京大学出版会、一九九五年
寺田一彦『海の文化史』文一総合出版、一九七九年
宇田道隆著『海洋科学基礎講座　補巻　海洋研究発達史』東海大学出版会、一九七八年
上田誠也『新しい地球観』岩波新書、一九七一年
上田誠也『岩波グラフィックス11　生きている地球』岩波書店、一九八三年
上田誠也・小林和男・佐藤任弘・斎藤常正編『岩波講座　地球科学11　変動する地球Ⅱ　海洋底』岩波書店、一九七九年
上田誠也・杉村新『弧状列島』（現代科学選書）、岩波書店、一九七〇年
上田誠也・杉村新編『世界の変動帯』岩波書店、一九七三年
氏家宏『琉球弧の海底――底質と地質』新星図書出版、一九八六年
宇佐美龍夫『資料　日本被害地震総覧』東京大学出版会、一九七五年
ヴェルヌ，ジュール『海底二万海里』花輪莞爾訳、角川文庫、一九六八年
山下文男『哀史三陸大津波』（岩手文庫3）、青磁社、一九八二年
吉井敏尅『日本の地殻構造』（UPアース・サイエンス）、東京大学出版会、一九七九年
吉村昭『海の壁――三陸沿岸大津波』中公新書、一九七〇年

吉村昭『漂流』新潮文庫、一九八〇年

地図

海上保安庁「海底地形図」第六三一一号、北海道、1/1000000、一九八〇年
海上保安庁「海底地形図」第六三一二号、東北日本、1/1000000、一九八〇年
海上保安庁「海底地形図」第六三一三号、中部日本、1/1000000、一九八二年
海上保安庁「海底地形図」第六三一四号、西南日本、1/1000000、一九八三年
海上保安庁「海底地形図」第六三一五号、南西諸島、1/1000000、一九九三年
海上保安庁「海底地形図」第六六〇二号、東海・紀伊沖、1/500000、一九九三年
日本水路協会「海底地形図」H―一〇〇一、日本南方海域、1/2500000、一九九一年

文庫化にあたって参照した文献

Hirano & Machida, "mantle structurte below petite-spot volcamoes", *Communications Earth&Environment*, 3, 110, 2022.
小原泰彦「背弧海盆における海洋コアコンプレックスの発達――最近のゴジラメガムリオンの研究からわかったこと」『岩石鉱物科学』41巻、193-202、二〇一二年
Ohara, Y., K. Fujioka, T. Ishii, and H. Yurimoto, "Peridotites and gabbros from the Parece Vela backarc basin: unique tectonic window in an extinct backarc spreading ridge", *Geochemistry, Geophysics, Geosystems*, 4 (7), 8611, https://doi.org/10.1029/2002GC000469, 2003.

本書は、一九九七年一一月二五日にＮＨＫブックスとして刊行された『深海底の科学——日本列島を潜ってみれば』を再編集し、文庫化したものです。

解剖学教室へようこそ　養老孟司

解剖すると何が「わかる」のか。動かぬ肉体という具体から、どこまで思考が拡がるのか。養老ヒト学の原点を示す記念碑的一冊。（南直哉）

考えるヒト　養老孟司

意識の本質とは何か。私たちはそれを知ることができるのか。脳と心の関係を探り、無意識に目を向ける。自分の頭で考えるための入門書。（玄侑宗久）

錯覚する脳　前野隆司

「意識のクオリア」も五感も、すべては脳が作り上げた錯覚だった！　ロボット工学者が科学的に明らかにする衝撃の結論を信じられますか。（武藤浩史）

理不尽な進化　増補新版　吉川浩満

進化論の面白さはどこにあるのか？　科学者の論争を整理し、俗説を覆し、進化論の核心をしめす。アートとサイエンスを鮮やかに結ぶ現代の名著。（養老孟司）

身近な雑草の愉快な生きかた　稲垣栄洋　三上修・画

名もなき草たちの暮らしぶりと生き残り戦術を愛情とユーモアに満ちた視線で観察、紹介した植物エッセイ。繊細なイラストも魅力。（宮田珠己）

身近な野菜のなるほど観察録　稲垣栄洋　三上修・画

『身近な雑草の愉快な生きかた』の姉妹編。なじみの多い野菜たちの個性あふれる思いがけない生命の物語を、美しいペン画イラストとともに。（小池昌代）

身近な虫たちの華麗な生きかた　稲垣栄洋　小堀文彦・画

地べたを這いながらも、いつか華麗に変身することを夢見てしたたかに生きる身近な虫たちを紹介する。精緻で美しいイラスト多数。（小池昌代）

したたかな植物たち　春夏篇　多田多恵子

スミレ、ネジバナ、タンポポ。道端に咲く小さな植物は、動けないからこそ、したたかに生きている！　身近な植物たちのあっと驚く私生活を紹介します。

したたかな植物たち　秋冬篇　多田多恵子

ヤドリギ、ガジュマル、フクジュソウ。美しくも奇妙な生態にはすべて理由があります。人知れず花を咲かせ、種子を増やし続ける植物の秘密に迫る。

野に咲く花の生態図鑑【春夏篇】　多田多恵子

野に生きる植物たちの美しさとしたたかさに満ちた生存戦略の数々。植物への愛をこめて綴られる珠玉のネイチャー・エッセイ。カラー写真満載。

野に咲く花の生態図鑑【秋冬篇】　多田多恵子

寒さが強まる過酷な季節にあえて花を咲かせ実をつける理由とは？　人気の植物学者が、秋から早春にかけて野山を彩る植物の、知略に満ちた生態を紹介。

花と昆虫、不思議なだましあい発見記　田中肇　正者章子

ご存じですか？　道端の花々と昆虫のあいだで、驚くべきかけひきが行なわれていることを。花と昆虫のだましあいをイラストとともにやさしく解説。

増補　へんな毒　すごい毒　田中真知

フグ、キノコ、火山ガス、細菌、麻薬……自然界にあふれる毒の世界。その作用の仕組みから解毒法、さらには毒にまつわる事件なども交えて案内する。

熊を殺すと雨が降る　遠藤ケイ

山で生きるには、自然についての知識を磨き、己れの技量を謙虚に見極めねばならない。山村に暮らす人びとの生業、猟法、川漁を克明に描く。

私の脳で起こったこと　樋口直美

「レビー小体型認知症」本人による、世界初となる自己観察と思索の記録。認知症とは、人間とは、生きるとは何かを考えさせる。（伊藤亜紗）

ゴリラに学ぶ男らしさ　山極寿一

自尊心をもてあまし、孤立する男たち。その葛藤は何に由来するのか？　身体や心に刻印されたオスの進化的な特性を明らかにし、男の懊悩を解き明かす。

ニセ科学を10倍楽しむ本　山本弘

「血液型性格診断」「ゲーム脳」など世間に広がるニセ科学。人気SF作家が会話形式でわかりやすく教える、だまされないための科学リテラシー入門。

増補　サバイバル！　服部文祥

岩魚を釣り、焚き火で調理し、月の下で眠る――。異能の登山家は極限の状況で何を考えるのか？　生きることを命がけで問う山岳ノンフィクション。

いのちと放射能　柳澤桂子

放射性物質による汚染の怖さ。癌や突然変異が引き起こされる仕組みをわかりやすく解説し、命を受け継ぐ私たちの自覚を問う。（永田文夫）

イワナの夏　湯川豊

釣りは楽しく哀しく、こっけいで厳粛だ。日本の川で、また、アメリカで、出会うのは魚ばかりではない、自然との素敵な交遊記。（川本三郎）

ちくま文庫

深海《しんかい》の楽園《らくえん》 日本列島《にほんれっとう》を海《うみ》からさぐる

二〇二四年七月十日　第一刷発行

著　者　藤岡換太郎（ふじおか・かんたろう）
発行者　喜入冬子
発行所　株式会社　筑摩書房
東京都台東区蔵前二―五―三　〒一一一―八七五五
電話番号　〇三―五六八七―二六〇一（代表）
装幀者　安野光雅
印刷所　三松堂印刷株式会社
製本所　三松堂印刷株式会社

ISBN978-4-480-43961-1　C0144